Jesús Emmanuel Cerón Carballo
Eber Pérez Isidro
Jesús Emmanuel Cerón Castelan

Ingeniería Civil Forense

AF376944

Jesús Emmanuel Cerón Carballo
Eber Pérez Isidro
Jesús Emmanuel Cerón Castelan

Ingeniería Civil Forense

Estudio de Fisuras

Editorial Académica Española

Imprint
Any brand names and product names mentioned in this book are subject to trademark, brand or patent protection and are trademarks or registered trademarks of their respective holders. The use of brand names, product names, common names, trade names, product descriptions etc. even without a particular marking in this work is in no way to be construed to mean that such names may be regarded as unrestricted in respect of trademark and brand protection legislation and could thus be used by anyone.

Cover image: www.ingimage.com

Publisher:
Editorial Académica Española
is a trademark of
Dodo Books Indian Ocean Ltd. and OmniScriptum S.R.L publishing group

120 High Road, East Finchley, London, N2 9ED, United Kingdom
Str. Armeneasca 28/1, office 1, Chisinau MD-2012, Republic of Moldova, Europe
Printed at: see last page
ISBN: 978-620-2-12009-8

Copyright © Jesús Emmanuel Cerón Carballo, Eber Pérez Isidro, Jesús Emmanuel Cerón Castelan
Copyright © 2023 Dodo Books Indian Ocean Ltd. and OmniScriptum S.R.L publishing group

Ingeniería civil forense en el estudio de fisuras

Ingeniería Civil Forense

Ingeniería civil forense en el estudio de fisuras

Jesús Emmanuel Cerón Carballo
Doctor en Ingeniería Civil
Perito Estatal

Eber Pérez Isidro
Doctor en Ingeniería Civil
Perito Estatal

Jesús Emmanuel Cerón Castelan
Quimico
Química Organometálica y catálisis

Carlos Abraham Cerón Castelán
Arquitecto y constructor
Proyectista Internacional

Editorial:

Prologo

Los daños en los elementos estructurales diariamente son debidos a innumerables riesgos estructurales, siendo los más comunes los mecanismos de falla. Dichas estructuras no tienen deficiencias aparentes en cuanto a su calidad, diseño o construcción, además, bajo razones estocásticas se da el afloramiento de fisuras. Pero el problema no radica en la altura, longitud o espesor del sistema estructural, sino en las dimensiones de la fisura cuya aparición demuestra daños fácilmente observables, su longitud, grosor o profundidad representan los desplazamientos de origen.

Por consiguiente, la presente obra se ha escrito con el fin de analizar y determinar el patrón de comportamiento en las características del suelo de la región, los materiales de fabricación y de la calidad de los métodos constructivos.

Por consiguiente, se analizan las fisuras encontradas en una construcción, localizado los Módulos Estructurales, definiéndolos y permitiendo interpretar las zonas de afectación o de influencia de la estimulación dinámica presente en cualquier edificación.

Esta obra es el fruto de la experiencia sobre dictaminación estructural, por esta razón se espera que sea de utilidad para tener un conocimiento más amplio en este ámbito de la Ingeniería civil, aquellos ingenieros o estudiantes de ingeniería que se dediquen a esta práctica y quieran aplicar el Método "JECC" descrito en este documento. Pueden obtener el diagnóstico de fisuras, determinando el nivel de riesgo estructural y su riesgo de habitabilidad bajo la condición inmediata, sin considerar la aparición futura de daño adicional a la obra civil.

Capítulo I

1. Modulo Estructural

El Módulo Estructural [ME] es un sistema básicamente formado por cuatro partes; la primera está integrada por elementos estructurales, la segunda lo forma la estimulación dinámica, la tercera se debe a los mecanismos de falla y por último lo integra las características de la deformación, este documento presenta el estudio, análisis y valoración del ME, partiendo de criterios estructurales.

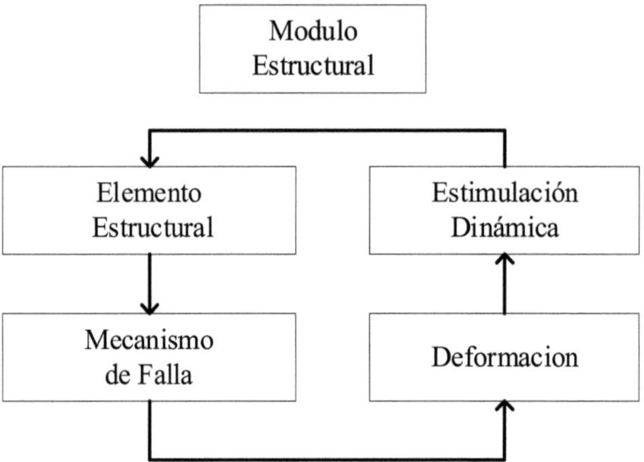

Figura 1.1: Representación del Módulo Estructural.
Elaboración propia

Los criterios estructurales utilizados en el estudio del ME, son aquellos que muestran un daño, debido a la revisión de los estados límite de los materiales utilizados en la construcción, la valoración y evaluación estará dirigida a la presencia de la respuesta del elemento analizado, se considera que para realizar una evaluación se aplique un instrumento con una escala de valor, esta puede ser cuantitativa y cualitativa.

1.1.Criterio Estructural

La magnitud de la deformación en él ME depende de la rigidez y el amortiguamiento en la zona elástica, posterior a alcanzar el límite de fluencia de los materiales que la constituyen.

El criterio a seguir será realizar la medición cuantitativa o cualitativa de la rigidez del elemento estructural, el amortiguamiento del mecanismo de falla producto de la estimulación dinámica inicial, posterior identificar la zona en donde aparecen evidencias de daño como son deformaciones longitudinales, transversales o axiales y por ultimo valorar si la magnitud de la estimulación dinámica permanece estable o tiene la capacidad de trasladarse para afectar a elementos estructurales contiguos.

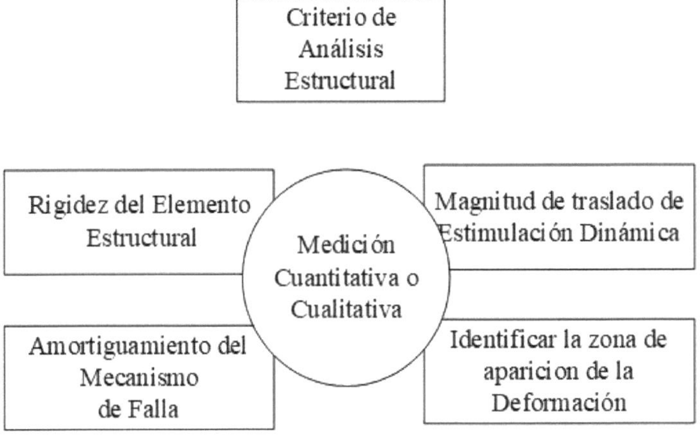

Figura 1.2: Representación del Criterio Estructural.
Elaboración propia

El análisis comienza una zona de estricción, donde el esfuerzo máximo de tensión o límite de tensión se presenta en un material y comienza a cambiar sus dimensiones para compensar el progresivo efecto de fuerza, en esta zona elasto-plástica la deformación es creciente.

El esfuerzo puede disminuir o incrementarse hasta llegar a un punto máximo, posterior al límite elástico, se observa visiblemente el daño, incluso, después de presentarse una disminución de esfuerzos internos. la Figura 1.3, muestra tres zonas de deformación, la zona elástica, en ella se presenta un daño menor, la zona elastoplástica, en donde el daño es medio y la zona plástica, en donde el daño es permanente y su magnitud puede ser creciente y muy elevada.

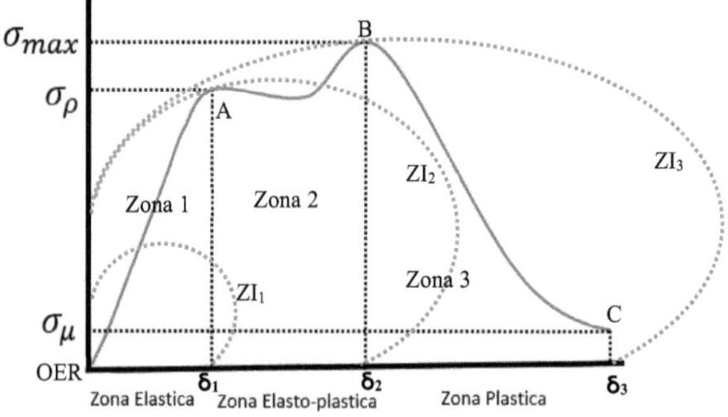

Figura 1.3: Grafica Esfuerzo-Deformación del ME.
Elaboración propia

La grafica esfuerzo y deformación muestra las tres zonas características en donde se puede representar el daño en un ME, se observa el origen espacial de referencia [OER] y los límites de la zona de influencia de propagación de daño [I, II, III] en el ME.

Cuando un material es sometido a un esfuerzo de tracción, al principio trata de oponerse a la deformación y recobrar su forma original mientras la fuerza no exceda su límite de proporcionalidad (Punto A), posterior a este evento, la fuerza permanece y la geometría del material ya ha sido alterado.

Las partes físicas del ME son consideradas en una edificación como la parte resistente, se caracteriza principalmente por los materiales empleados y su procedimiento de construcción.

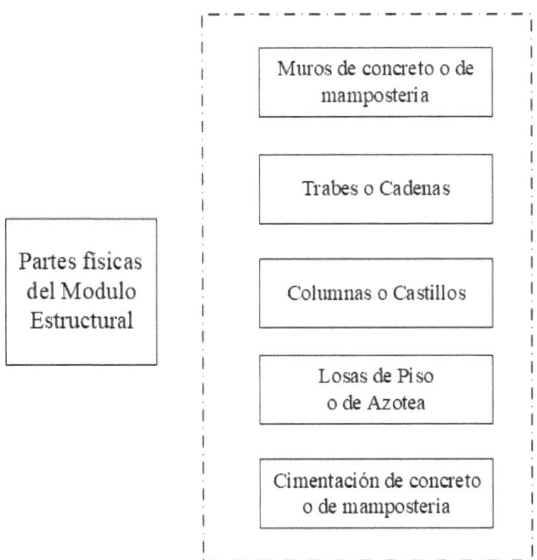

Figura 1.4: Representación de los componentes físicos del ME.
Elaboración propia

En el punto "A" de la Figura 1.3, el material está al límite de ser elástico, si el esfuerzo que experimenta se excede, el material aún puede comportarse elásticamente pero ya no recobrar su forma original (Zona 2), Después del límite de proporcionalidad un material experimenta una deformación aun elástica, esto significa que todavía trata de resistir al esfuerzo y recuperar su forma; sin embargo, este es un punto bastante cercano al punto de fluencia (Esfuerzo inicial Plástico).

El punto de fluencia es aquel en el cual, el material deja su propiedad elástica (Zona 1); el esfuerzo ha superado su capacidad y desde este punto en adelante el material se comportará como un material plástico, el esfuerzo máximo se encuentra en el punto C, en este punto el material a alcanzado su capacidad máxima de resistir al esfuerzo actuante, si la fuerza sigue actuando, entonces a partir de ahora el material colapsará hasta llegar al esfuerzo de rotura o ruptura (Punto C), el material sometido al esfuerzo llega a fracturarse de forma permanente, en este punto comienza el estudio de este documento.

La zona 1, comienza desde el inicio hasta el punto límite de elasticidad (Punto A), en esta región el material presenta un comportamiento elástico, con mayor intensidad entre el punto inicial y el límite de proporcionalidad, es decir, el incremento es proporcional Fuerza-Deformación, se cumple la ley de HOOK que establece que la fuerza de tracción es directamente proporcional a la deformación.

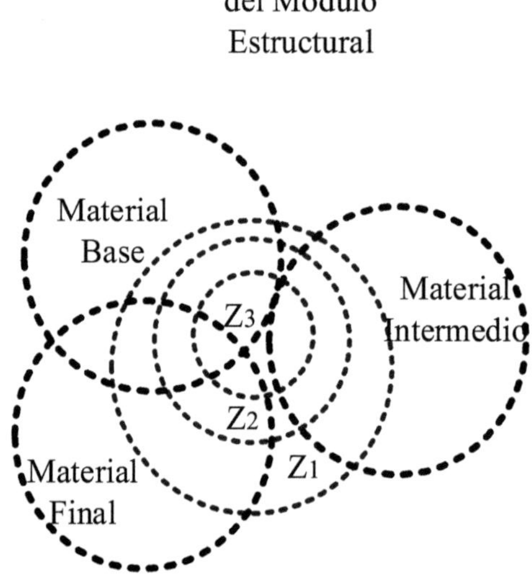

Figura 1.5: Representación de las Zonas y los componentes físicos del ME.
Elaboración propia

La zona 2 comienza desde el punto de fluencia (Punto A) hasta el punto límite de esfuerzo máximo (Punto B), en esta región el material presenta un comportamiento elasto-plástico, es decir, aun el material soporta incremento de fuerza, esta zona se presenta después de que el material haya experimentado una deformación con esfuerzo constante; llega un punto en el que es necesario aumentar el esfuerzo para sacarla de la zona de cadencia; desde que se aumenta esfuerzo, el material experimenta una deformación y al mismo tiempo experimenta un endurecimiento, es decir aumenta su grado de dureza hasta llegar al punto de esfuerzo máximo.

La zona 3 comienza desde el límite de esfuerzo máximo (Punto B) hasta el punto límite de esfuerzo ultimo (Punto C), en esta región el material presenta un comportamiento plástico, es decir, el material sufre una deformación permanente, también llamada zona de estricción, el material no puede soportar la magnitud del esfuerzo constante, solo decreciente; el material empieza a formar un cuello en una región y a partir de ello llega a fracturarse cuando el esfuerzo sigue actuando sobre ella como se observa en la Figura 1.5.

En una construcción se pueden ubicar uno o varios ME, es decir, donde existen afectaciones visibles provocadas por algún fenómeno amenazante extinto o existente, dichas afectaciones son llamadas fisuras o grietas que aparecen en cualquier parte del ME y solamente en la zona plástica (Z_3), el hecho de que sean visibles, significa que los materiales en algún tiempo, estuvieron sometidos a los efectos en la zona Z_1 y en la zona Z_2, por otro lado, la constitución física del ME, normalmente está formado en capas, integrado por tres tipos de material, el material base, el intermedio y el final, como se muestra en la Figura 1.6.

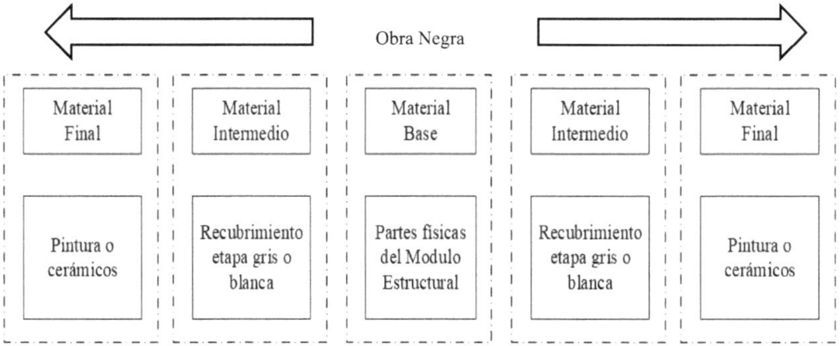

Figura 1.6 Representación de los tipos de materiales del ME.
Elaboración propia

La capa de materiales base, está formada con los procedimientos primarios y su etapa constructiva está destinada en la fase de la obra negra, es decir, cuando se realiza la construcción de elementos como cadenas, muros, trabes, columnas, losas o cimentación, recordemos también que el orden de fabricación de estos elementos se divide en tres subetapas, primeramente se construye la cimentación, en la segunda se construyen las columnas, castillos y muros y en la tercera se construyen las trabes y la losa, en esta etapa se ubican los efectos de daño mayor o más peligroso, llamados fisuras o grietas; posteriormente continua la capa de material intermedio, está formada con los procedimientos intermedios y su etapa constructiva está destinada en la fase de la obra gris o blanca, es decir, cuando se realizan los aplanados de cemento y mortero (obra gris) o yeso (obra blanca), en esta etapa se ubican los efectos de daño intermedio llamados fisuras o grietas; y por último la capa de materiales final, está formada con los procedimientos últimos y su etapa constructiva está destinada en la fase de la obra de acabados, es decir, cuando se realiza la colocación de pintura, cerámicos o losetas, en esta etapa se ubican los efectos de daño menor también llamados fisuras o grietas.

En la Figura 1.3, se observan tres zonas de influencia, estas pueden ubicarse en los materiales de las tres etapas constructivas y depende de la estimulación dinámica el incremento de magnitud y su estacionalidad o propagación, es importante mencionar, que la propagación de efectos de daño tiene como consecuencia daño mayor y por consiguiente existe un alejamiento del OER, los niveles de daño dependen exclusivamente del mecanismo de falla individual, local o total del ME, por otro lado, los límites de las zonas de influencia parten de la deformación y esfuerzo aplicado, formando una envolvente, sin importar la característica mecánica del material.

La ZI_1 puede tener actividad en la zona Z_1, lo que indica que los materiales interactúan en una zona pequeña, donde predomina el módulo elástico, existe control de la deformación y de las cargas que producen esfuerzos también controlados, además, los mecanismos de falla son susceptibles a desaparecer, por lo tanto, esta zona es considerada como región de confort y fortaleza estructural.

La ZI_2 puede tener actividad en la zona Z_1 o en la Z_2, incluso de la Z_3, lo que indica que los materiales interactúan en una zona mayor a la ZI_1, donde predominan los efectos elastoplásticos, ya no existe control de la deformación y de las cargas pueden producir esfuerzos de variada magnitud, además, los mecanismos de falla son susceptibles a crecer, por lo tanto, esta zona es considerada como de inestabilidad estructural.

La ZI_3 puede tener actividad en la zona Z_2 o en la Z_3, lo que indica que los materiales interactúan en una zona muy grande en comparación con la ZI_1, donde predominan los efectos de ruptura, ya no existe control de la deformación y de las cargas pueden producir esfuerzos de alta magnitud a tal grado que rompe la cohesión de partículas, además, los mecanismos de falla son susceptibles a desaparecer localmente debido a la ruptura de continuidad estructural, o a incrementarse en las fronteras, por consiguiente los materiales son susceptibles a tener vulnerabilidad, por lo tanto, es considerada estructuralmente como una zona débil.

1.2. Elementos estructurales

Los elementos estructurales de análisis son aquellos que forman las características físicas del ME, estos son la cimentación, los castillos o columnas, las trabes, los muros y la losas, como se observa en la Figura 1.4.

La cimentación básicamente es formada por elementos rigidizantés y trasmisores de carga a los suelos, la superficie de contacto entre la cimentación y el suelo se llama superficie de sustentación, aquí es donde comienza la estimulación dinámica, provocada por movimientos telúricos o fallas geológicas, por otro lado, la superficie de contacto entre la cimentación y los muros o columnas requiere de elementos rigidizantés, por ejemplo, dados o cadenas, por consiguiente, para poder realizar el análisis de la cimentación con el instrumento de evaluación, esta debe estar descubierta, este proceso se implementa en un caso extremo, debido a lo complicado del proceso de invasión interior o exterior en la construcción existente.

Los límites del ME, prácticamente está formado en un tablero estructural vertical por cuatro elementos estructurales, dos horizontales y dos verticales, la parte inferior se le atribuye las características de una cimentación y los extremos laterales son elementos verticales como columnas o castillos, en la parte superior el elemento de cubierta es una cadena de cerramiento o una trabe.

1.2.1. Cimentación.

Esta parte del ME, es considerada la transmisora de estimulación dinámica desde el exterior de la construcción, su geometría radica en conservar un aspecto eficiente de la superficie de sustentación y el lecho inferior de los elementos estructurales, su constitución física aporta uniformidad a la posición de los elementos que la tocan, manteniendo la unión entre ellos.

La disposición y apariencia de la cimentación en una construcción es invisible debido a que es cubierta con otros elementos del sistema de piso, se observa en la Figura 1.7, una gráfica con una línea gruesa, que representa una réplica aumentada de los efectos de deformación, nótese el cambio de la horizontal, producto de la variación interna de esfuerzos.

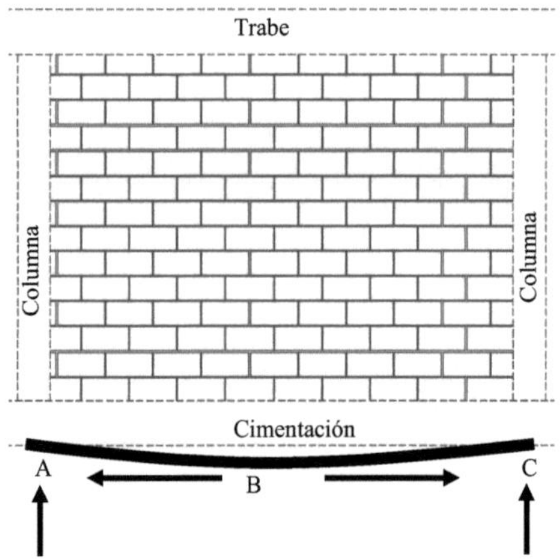

Figura 1.7: Representación de la deformación de la cimentación.

En la Figura 1.7, se observan tres puntos con características físicas y geométricas de la deformación presente, se observan efectos de flexión en los nodos (punto A y C) y en los miembros (punto B), si analizamos primeramente los nodos, estos tienen continuidad estructural, desplazamientos angulares y lineales, esto se convierte en rotación y traslación del nodo en estudio, posteriormente se analizan los miembros, estos sufren deformación axial, es decir, tiene rotaciones y traslaciones las fibras internas del elemento.

Dichas traslaciones y rotaciones en un elemento robusto, provoca que los elementos contiguos también tengas los mismos efectos, dicho lo anterior, se pueden tener dos casos de propagación de daño; en el primero, si la cimentación soporta la estimulación dinámica que genera las deformaciones, se las puede trasmitir de manera amortiguada o incremental a elementos estructurales contiguos, de forma contraria, en el segundo caso, la propia cimentación puede absorberlos e interrumpir la transmisión de daño.

En ambos casos la cimentación puede presentar fisuras y si estas son generadas por estimulación dinámica exterior, el OER se encontraba fuera de los límites de la cimentación, sin embargo, si las deformaciones son producto de acomodo por asentamiento de la cimentación, el OER se encontraba en las fronteras de la superficie de sustentación.

1.2.2. Columna.

Esta se encuentra ubicada en la parte lateral del ME, es considerada la transmisora de estimulación dinámica de activación o de respuesta.

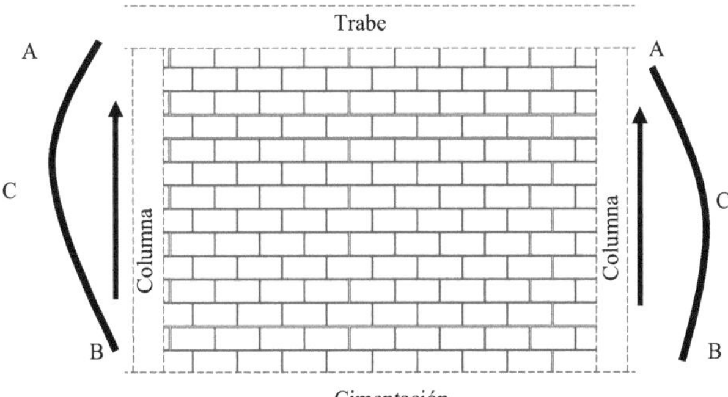

Figura 1.8: Representación de la deformación de
la columna.

La estimulación dinámica de activación [EDA] se debe a los efectos o causas de un fenómeno amenazante exterior, por ejemplo, un sismo o un ciclón, cuando las ondas expansivas a través de vibraciones, movimiento o impacto, tocan el elemento estructural y se trasmiten a todo el sistema constructivo.

La estimulación dinámica de respuesta [EDR] se debe a los efectos de reacción para disipar las fuerzas o esfuerzos internos transmitidos de un fenómeno amenazante exterior, por ejemplo, una deformación, desplazamiento, rotación, traslación, tenacidad, ductilidad, amortiguamiento, rigidez y/o resistencia, en uno o varios elementos estructurales, esto provoca un regreso de movimiento a través de vibraciones o choques de forma local o total en el sistema constructivo.

Normalmente la EDA recorre del punto B hacia el punto A, como se observa en la Figura 1.8, lo que ocasiona que existan efectos en los nodos y en los miembros, por otro lado, la EDR, recorre del punto A hacia el punto B, lo que ocasiona dos casos de análisis.

El primer análisis, será, cuando las dos estimulaciones estén actuando simultáneamente, es decir, primeramente, el sistema estructural se estimula con el EDA, aun cuando ya recorrió todos los ME y antes que los efectos terminen, los primeros contactos comenzaron a presentar la EDR, esto puede provocar más daño, debido al crecimiento de la magnitud de movimiento y puede incrementarse demasiado si se presenta resonancia.

El segundo análisis, será cuando únicamente la EDR tenga presencia, esto puede provocar una escala de daño menor al primer análisis, sin embargo, existe la posibilidad al crecimiento de la magnitud aun cuando el sistema estructural permanezca en equilibrio dinámico.

La EDA y la EDR, provocan daño, su representación física es una deformación elástica o plástica, es decir, elásticamente se presenta movimiento y desaparece o se estabiliza cuando la estimulación minimiza o se nulifica, caso contrario con la deformación plástica, esta cuando se presenta no desaparece, solo se incrementa.

En la Figura 1.8, se observan tres puntos con características físicas y geométricas de la deformación presente, se observan efectos de compresión en los nodos (punto A y B) y de flexo-compresión en los miembros (punto C), es decir, tiene rotaciones y traslaciones las fibras internas del elemento.

1.2.3. Trabe.

Esta se encuentra ubicada en la parte superior del ME, es considerada la transmisora de estimulación dinámica de respuesta [EDR] a las columnas de apoyo, castillos o muros diafragma o de confinamiento.

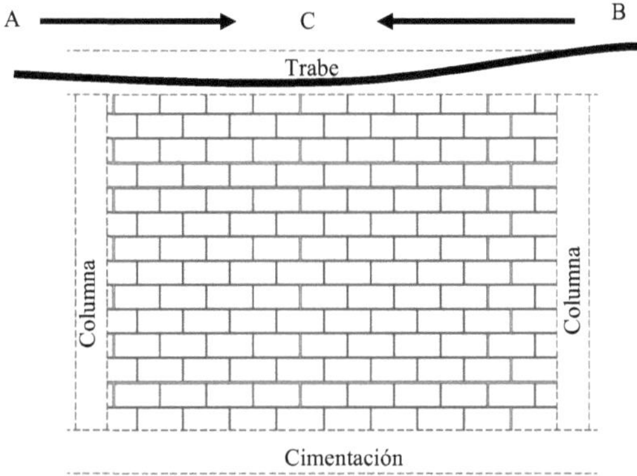

Figura 1.9: Representación de la deformación de
la Trabe.

Normalmente la EDR recorre del punto A o B hacia el punto C, como se observa en la Figura 1.9, lo que ocasiona que existan efectos en los nodos y en los centros de claro, por otro lado, se puede producir una EDA en el punto A o en el punto B, rara vez, se produce simultáneamente en ambos puntos, sin embargo, suele ocurrir efectos maximizados provocados por la presencia de EDA y EDR simultáneamente, a estos efectos se les llama esfuerzos axiales y deformaciones por pandeo local.

1.2.4. *Muro.*

Este se encuentra ubicado en la parte central del ME, es considerado el receptor de estimulación dinámica de respuesta [EDR] a las columnas de apoyo, castillos o trabes.

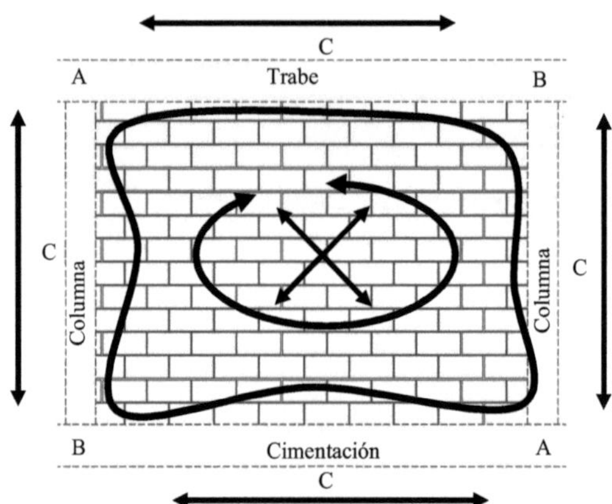

Figura 1.10: Representación de la deformación del muro.

Normalmente la EDR recorre del punto A hacia el punto B y viceversa, como se observa en la Figura 1.10, lo que ocasiona que existan efectos en los nodos y en los centros de claro en el punto C, por otro lado, se puede producir una EDA en el punto A o en el punto B y tal vez en el punto C, se puede producir simultáneamente en ambos puntos, sin embargo, suele ocurrir efectos maximizados provocados por la presencia de EDA y EDR simultáneamente en el centro del muro, a estos efectos se les llama esfuerzos axiales y deformaciones por pandeo local.

1.2.5. Losa.

Esta se encuentra ubicada en la parte superior del ME, es considerada como el sistema de piso receptor de cargas y el último elemento receptor de estimulación dinámica de respuesta [EDR].

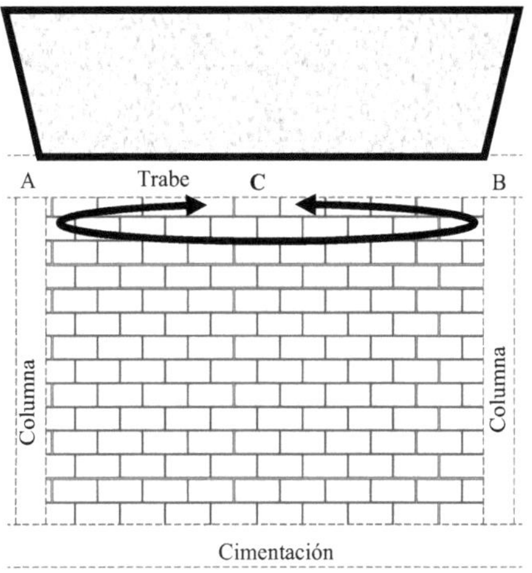

Figura 1.11: Representación de la deformación
de la losa.

Normalmente la EDR recorre en forma circular del punto A hacia el punto B y viceversa, como se observa en la Figura 1.11, lo que ocasiona que existan efectos en los nodos y en los centros de claro de la trabe en el punto C, por otro lado, se puede producir una EDA en el punto A y en el punto B, se produce simultáneamente en ambos puntos, sin embargo, suele ocurrir efectos maximizados provocados por la presencia de EDA y EDR simultáneamente en el centro de la trabe, a estos efectos se les llama esfuerzos longitudinales, axiales y deformaciones por pandeo local.

1.3.Estimulación dinámica

La dinámica de las estructuras es sin duda un tema conocido, cada construcción presenta diversas formas de equilibrio dinámico, actualmente los modos de respuesta dinámica de una edificación depende de la fuerza de contacto de frontera, los efectos repetitivos de estas fuerzas puede producir que los nodos y los miembros de la estructura presenten desplazamientos en cualquier dirección, además, los elementos que forman la cubierta de frontera general pueden presentar afectaciones debidas las cargas variables, como, viento y tempestades, la frontera de piso puede presentar afectaciones debidas a cargas accidentales, como, temblores o sismos.

La estimulación dinámica en un EE puede producir uno o varios daños dentro de un ME, la magnitud de las fuerzas externas debe compensarse con las resistencias internas, en caso contrario, aparece daño, cuando se incrementan dichas fuerzas las resistencias no pueden soportar tal magnitud y comienza la aparición de mecanismos de falla físicos, la intensidad de aparición es una respuesta a la magnitud, a esto se le llama nivel del mecanismo de falla.

1.4.Mecanismos de falla

Las fallas estructurales no aparecen de la nada, estas están situadas en cualquier lugar y pueden ser generalizadas o locales, las segundas son las más cotidianas.

Su presencia es debida a cuestiones mecánicas propias de la acción de la gravedad o del propio ambiente, lo que significa que debe existir un equilibrio estático y de no presentarse, surgen para producirlo.

Todo comienza en el origen de la falla, que continúa con otros eventos desencadenados uno tras otro, como si fueran estaciones de un sistema mecánico.

La presencia de mecanismos de falla más comunes inicia con las fisuras o grietas y a continuación afectan a los materiales hasta lograr su agotamiento, lo cual genera deformaciones y finaliza en colapso.

Cada estación del ME tiene un orden de peligrosidad cuando aparece un daño estructural, como se observa en la Tabla 1.1.

Tabla 1.1: Orden de peligrosidad (H) provocada por los mecanismos de falla

H	*Amenaza, Estimación del Riesgo y Consecuencias*		
	Modulo Estructural		**Orden de Peligrosidad**
H1	Estación 1	Cimentación	5
H2	Estación 2	Columnas	4
H3	Estación 3	Muros	3
H4	Estación 4	Trabes	2
H5	Estación 5	Losas	1

El colapso de un elemento estructural es el movimiento que surge por la fuerza de la atracción de la gravedad y termina cuando dicha fuerza es neutralizada, es decir, cuando el EE es detenido a la caída libre.

El colapso viene acompañado de daños del EE por impacto y aplastamiento, esta es la razón principal del porque tiene un orden de peligrosidad, mostrado en la Tabla 1.1, así mismo una fractura en un EE provoca otra fractura en el EE contiguo o de soporte y es consecuencia de deformaciones, fatiga e inestabilidad, provocado desde el origen de la falla, lo que prioriza los EE, partiendo desde los que se encuentran más cercanos al suelo, puesto que están más alejados de daño por colapso, sin embargo, son los que originan mecanismos de falla por su propia dinámica estructural, como son las cimentaciones, columnas y muros, las trabes y losa.

1.5.Etapas de la falla estructural

Existen cinco etapas de riego estructural en los elementos del ME que pueden aplicarse en estaciones, las cuales, de manera sistemática forman campos de aplicación de un valor ponderado. Desde la aparición de una falla, iniciando con la etapa del origen de fractura hasta la etapa final del colapso del EE en una edificación, como se observa en la Figura 1.12.

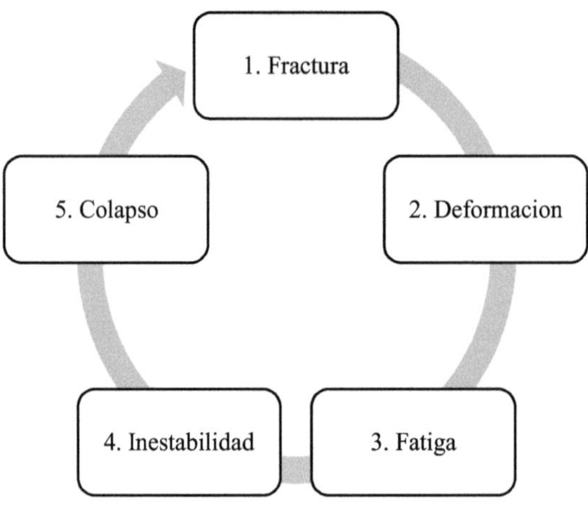

Figura 1.12: Diagrama de las etapas del riesgo estructural

La fisura o grieta forma parte de la deformación y es el resultado de un proceso final, provocado por la respuesta a los esfuerzos internos del ME, dicha deformación puede ser inicial o concluyente, el propósito del diseño estructural es garantizar un buen comportamiento ante los niveles de daño de la estimulación dinámica, considerando los criterios incorporados en las normas de diseño modernos, donde se reconocen diferentes niveles de desempeño para la estructura (estados límites), es necesario conocer la capacidad de deformación de los elementos que forman el ME y compararlos con los estados del mecanismo de falla. Por ello, el principal objetivo de este trabajo es establecer los niveles de deformación para los estados límites que interesan en su diseño; con este propósito se utiliza información de estudios realizados los últimos 25 años en el estado de hidalgo

El módulo estructural está formado por aquellos elementos estructurales, que forman el tablero estructural horizontal o vertical, como se observa en la Figura 1.13, cada uno de ellos puede alojar diversas fisuras, la selección redunda en utilizar la más desfavorable para indicar el mayor riesgo, con esto se determina el orden de peligrosidad de las estaciones del módulo estructural;

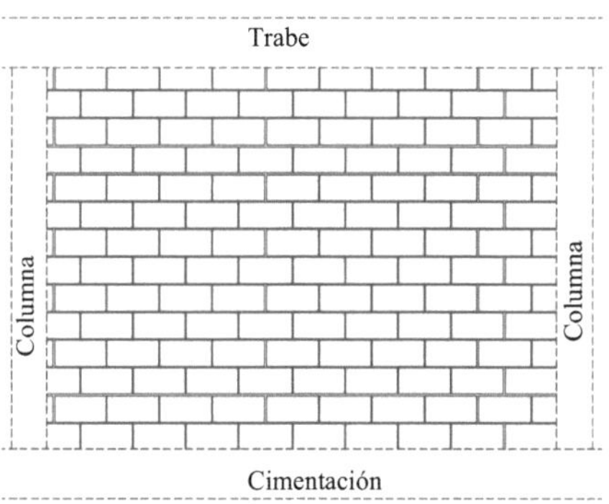

Figura 1.13: Representación del Módulo Estructural.
Elaboración propia

En la Figura 1.13, se observa el límite de la ZI, conformado por elementos verticales (Columnas) y Elementos horizontales (Trabes), se observa que la zona débil se encuentra en el muro diafragma, por consiguiente, el OER, puede presentarse en la cimentación y dirigirse hacia una zona de influencia de daño, esta puede ser a las trabes o a las columnas, en ellas se puede presentar la zona inestable, el nivel de riesgo estructural se representa con su código correspondiente de colores de acuerdo al daño visible, sin embargo, puede existir daño invisible.

Capítulo II

2. Mampostería

La mampostería es utilizada como un sistema constructivo tradicional, se le atribuye al termino al proceso para unir trozos de material de barro o piedra, junteado con algún conglomerante, la técnica de unión puede ser tan eficaz que el producto final alcanza una resistencia similar a las resistencias del trozo de material juntado, el establecimiento de muros se realiza sin ser diseñado; es decir, sin que se tome en cuenta la complejidad en el comportamiento de las edificaciones debido al lugar donde se ubican éstos paneles, lo anterior se hace aún más necesario si estos sistemas estructurales estarán supeditados a cargas accidentales como las provocadas por terremotos.

En la actualidad se define a la mampostería como un material estructural compuesto, integrado por piezas de origen pétreo, naturales o artificiales, unidas entre sí por un mortero aglutinante. Aunque todavía se dan algunas aplicaciones en arcos, bóvedas y cúpulas, el muro de piedras artificiales prismáticas es, por mucho, el elemento preponderante en la práctica contemporánea de la mampostería, cuando las paredes están situadas en posiciones adecuadas en un edificio, puede formar un sistema eficiente de resistencia a la fuerza lateral, cumpliendo al mismo tiempo con otros requisitos funcionales, por lo que se les denomina muros estructurales.

Este sistema constructivo ha sido usado durante mucho tiempo, empezando a evolucionar desde el momento en que el hombre deja de ser nómada, las pirámides de diferentes culturas en el mundo son claros vestigios al respecto. Actualmente los elementos de mampostería que se usan en la construcción de edificios se obtienen a base de una mezcla de agua con materiales pétreos agua y cemento, dejando secar en moldes de forma prismática; también se fabrican a base de arcilla cosida a altas temperaturas.

El uso de la mampostería en edificios a base de marcos de concreto reforzado es una práctica en muchas partes del mundo y también en zonas donde están expuestas a fuerzas de la naturaleza, cuando la distribución de paneles no es adecuada pueden formarse estructuras con mayor vulnerabilidad poniendo en riesgo la vida de sus ocupantes.

Se dice que una estructura es irregular si la distribución en lo alto de los muros de mampostería en edificios a base de marcos de concreto reforzado no es homogénea, es decir en algún nivel no cuenta con paneles. Este tipo de construcciones ha sido uno de los principales motivos de falla cuando se han visto sometidas a cargas laterales producidas por fuerzas intensas como lo son terremotos o ciclones.

Por lo que un análisis profundo de los métodos y criterios que se usan actualmente en lugares con peligro sísmico resulta conveniente para tener distintos enfoques a usar en el diseño de este tipo de sistemas estructurales.

Los elementos de mampostería son aquellos que cuentan con una resistencia a la compresión menor que los elementos estructurales de concreto armado, por esta razón, los efectos de aplastamiento sobre el muro son soportados por su sección transversal, en tal caso, al llegar al límite de servicio, las deformaciones y desplazamientos internos perpendiculares a dicha sección originan consecuentemente la presencia de una fisura superficial en el plano del muro.

Por otro lado, al llegar al límite de falla, las fuerzas paralelas al plano de la sección transversal, originan esfuerzos tensionales y cortantes perpendiculares al plano del muro, que origina una fisura interna en el plano de la sección transversal del muro.

Por consiguiente, cuando los efectos dinámicos en las condiciones de frontera permiten rotaciones del muro, reaccionan respectivamente con las restricciones internas de las juntas y los bloques, en este caso, se forman fisuras en el centro torsional del muro, llamadas comúnmente fisuras diagonales o en forma de cruz.

2.1.Mampostería ordinaria.

Los elementos se juntean con mortero en la construcción, para fijar los elementos y rellenar los huecos que van quedando entre ellos. Los trozos de material se organizan de tal forma que los espacios a rellenar sean mínimos.

2.2.Mampostería en seco.

En este tipo se utilizan trozos con cantos rectos, no se utiliza junteo con mortero. En su lugar emplea trozos pequeños escogidos para procurar estabilidad transversal y longitudinal. Los espacios vacíos son rellenos con trozos pequeñas acomodados y calzados perfectamente en los orificios.

2.3.Mampostería concertada.

Utiliza trozos labrados en sus caras de juntas. Los materiales se disponen de forma poligonal, se une una cara labrada con otro de la misma geometría, de forma que ofrezcan un aspecto uniforme y regular. Cuando la construcción es de un espesor mayor al de los mampuestos, se colocan primero los de mayor dimensión y posterior los de relleno, el acomodo será tal que, originen una trabazón transversal y longitudinal.

2.4.Mampostería careada.

En este tipo de mampostería los trozos de material son labrados por la cara que queda expuesta al exterior, que debe ser cuidadoso. Más no requieren ser de un tamaño o forma única. Los espacios vacíos en el interior del paramento deben rellenarse con trozos pequeños.

2.5.Mampostería confinada.

Consiste en colocar los trozos de material junteados con mortero, en forma de columna y reforzadas desde el suelo con vigas y concreto. Soportan las cargas gravitatorias, inclusive de otros muros, construidos arriba.

2.6.Mampostería estructural.

Es el método empleado en la construcción de casas y edificios. Dispone muros verticales logrados con la ayuda de morteros de cemento y reforzados en su interior con barras de metal. Se caracteriza por ser de gran resistencia. Existe además una mampostería estructural reforzada, en la que se sujetan las piezas, ideal para proteger las edificaciones de desastres naturales.

2.7.Mampostería decorativa.

Es la empleada para el embellecimiento de paredes interiores y exteriores, calles y avenidas, plazas y otros sitios públicos. Emplea piedras regulares, generalmente pulidas y con un toque de barniz. Agrega a las estructuras belleza y calidez.

Capítulo III

3. Diagnostico Estructural

El mecanismo de una obra civil es todo un conjunto de componentes desde los materiales mínimos de construcción que forman los diferentes elementos, desde la conceptualización del sistema de soporte del suelo, la cimentación, la estructura, las albañilerías, instalaciones y acabados hasta los equipos o mobiliario dispuesto en la construcción.

Su uso y la adaptación al medio, forman parte integra de la respuesta de su resistencia global y local, además, los componentes deben contar con propiedades mecánicas como la ductilidad, la tenacidad, la resistencia, la rigidez y la elasticidad para cumplir con criterios de unión y acoplamiento para formar la edificación,

Las propiedades físicas, como son su geometría y su disposición de espacios que forman las cubiertas y envolventes interiores y exteriores, cumplen con las condiciones de adaptabilidad a la vida del usuario y crean protección a los efectos meteorológicos del lugar.

dicho lo anterior, el mecanismo de falla se presenta cuando se minimiza la eficiencia en la utilidad del conjunto de componentes o decrece las propiedades mecánicas de la edificación y aparece un daño.

3.1.Fisura

Una fisura es una abertura pequeña, que solo es superficial. La grieta es una abertura más profunda de mayor dimensión que generalmente afecta todo el espesor del material donde se localiza.

Las fisuras o grietas estructurales son las que tienen afectación directa a vigas, trabes, columnas, losas o cimentaciones.

Las fisuras o grietas no estructurales son originadas por mecanismos de falla como son los procesos de fraguado y endurecimiento del material utilizado superficialmente en una edificación, otros son en los esfuerzos internos producto de cargas variables o accidentales.

Una fisura tiene múltiples orígenes, y surge cuando el material por alguna causa comienza a separarse. Dicha separación es debida a las fuerzas que rompen la cohesión de los materiales, la aparición de estas denota en muchos casos, información insuficiente para determinar problemas estructurales locales o globales, en este documento se presenta la evaluación de seis tipos característicos de las fisuras o grietas, estas son las siguientes:

1. **La intensidad de la fisura.**
2. **El origen de la geometría.**
3. **La frecuencia de aparición.**
4. **La posición donde se encuentra.**
5. **La dirección de recorrido.**
6. **La magnitud de su grosor o profundidad y.**
7. **El sentido en que va a incrementarse.**

En la mayoría de los casos una fisura nos dice mucho más, desde el momento inicial de su aparición, Solo tendremos que encontrar las pistas sueltas que debemos ir uniendo a fin de hallar su verdadera existencia, análisis y evaluación.

La calidad de los materiales utilizados en las construcciones actualmente deben tener mejor resultado que en la antigüedad, sin embargo, las cuestiones económicas impiden tal fin, los constructores deben apegarse a la normatividad establecida vigente con las condiciones mínimas de aceptación, en caso contrario, los métodos constructivos y los materiales utilizados pueden tener repercusiones serias en la obra civil, como ejemplo, cuando aparece un una estimulación dinámica conjuntamente con procedimientos constructivos deficientes y materiales contaminados, como es el uso de piezas de bloques de concreto para la fabricación de un muro, aparecen defectos en los perímetros del mamposteo, es decir, la fisura recorre una dirección sobre la mezcla de junteo, separando las piezas y en casos más extremos partiendo los bloques.

3.2.Estado límite

Se considerará como estado límite de falla cualquier situación que corresponda al agotamiento de la capacidad de carga de la estructura o de cualesquiera de sus componentes, incluyendo la cimentación, o al hecho de que ocurran daños irreversibles que afecten significativamente la resistencia ante nuevas aplicaciones de carga; lo anterior se podrá reflejar en los diferentes tipos de recubrimiento, ya que podrían presentar agrietamiento y/o desprendimientos.

Se considerará como estado límite de servicio la ocurrencia de desplazamientos, agrietamientos, vibraciones o daños que afecten el correcto funcionamiento de la edificación, pero que no perjudiquen su capacidad para soportar cargas, como sería el caso de salitre o desprendimiento de pintura por humedad.

3.3.Daños estructurales

Las grietas en muros y columnas son más preocupantes que los desprendimientos de material en losas del techo o suelo, ambos pueden causar daños graves a los ocupantes, pero en el caso de las fisuras o desprendimientos en techos, los daños serán locales.

Los daños por inestabilidad en muros que puede provocar fisuras o grietas afectan a los elementos estructurales confinantes, colindantes o contiguos y si no se detiene el origen de la fisura existirán daños continuos, permanentes y crecientes, capaces de afectar a los elementos adyacentes, cercanos o próximos inmediatos sanos.

El movimiento que hace que las estructuras se deformen, se debe a la recuperación de la estabilidad bajo la presencia de esfuerzos imprevistos o no admitidos en el análisis estructural, esto se observa, cuando los materiales tienen fricción, la mampostería confinada se fricciona con las cadenas y castillos, o muro diafragma con las columnas y trabes, por otro lado, algunos de estos esfuerzos producen fisuras o pequeñas grietas cuando el desplazamiento es relativamente pequeño, Si ese es el caso, que uno tiene fisuras pequeñas del espesor de 2 mm prácticamente no hay mayor peligro. Lo único que hay que hacer es recuperar la apariencia del muro, retirar el aplanado y pulirlo.

Los elementos estructurales son aquellos que realmente proporcionan soporte a una edificación, ellos resisten las cargas externas y los pesos propios de la construcción, mientras que los elementos no estructurales se refieren a los muros divisorios, pero no de carga, o bien aquellos que funcionan como elemento estético, estos también pueden servir de cubierta.

Las grietas o fisuras que presentan los muros divisorios no son daños estructurales, incluso si se vienen abajo. Por supuesto que requieren de reparación, pero no condicionan o comprometen a la estructura del inmueble. Si existen grietas en cualquier sentido deben considerarse, pero si están en un elemento estructural como muro de carga, en una columna o trabe son llamadas fisuras estructurales.

3.4. Escala de colores.

Los códigos de colores utilizados en la antigüedad para representar identidades o simplemente para dar a conocer una instrucción, fueron actualizándose de acuerdo a las características de visibilidad, es decir, se podían utilizar para instruir disciplina, como por ejemplo el orden de paso en ferrocarriles o carretas, a través de la historia la falta de regulación y la inexistencia de códigos impedían una circulación segura.

El primer código de colores utilizado para prevenir accidentes, se desarrolló para el semáforo de luces de tránsito, lo cual fue obra del ingeniero J.P. Knight y se instaló justo en las afueras del Palacio Westminster de Londres, lugar en el que se localizaba y se sigue localizando el parlamento británico. Esto sucedió a finales del año 1868 y la idea del semáforo con luz roja y luz verde proviene de las antiguas señales de ferrocarriles. En agosto de 1914 se instaló el primer semáforo moderno en América.

El inventor fue Garrett Augustus Morgan encargado de idear un semáforo con luz verde y roja. Posterior se instaló la tercera luz de color ámbar. Los primeros semáforos con tres luces, con el mismo funcionamiento que conocemos en la actualidad, llegaron en el año 1920. No fue hasta 1953 cuando aparecieron los primeros semáforos eléctricos.

La idea de los colores proviene, porque, el color rojo indica peligro, como el código rojo del ejército, o el color de la sangre, mientras que el color verde siempre ha sido utilizado para simbolizar esperanza como el color de la hierba en el campo. Eso hace que el rojo sea un color perfecto para frenar y el verde sea ideal para continuar hacia delante.

Además, estos colores fueron elegidos para las señales de los ferrocarriles porque su visión a distancia era más fácil que en el caso de cualquier otro color, sobre todo en situaciones meteorológicas adversas. Respecto a la aparición del ámbar en el semáforo se trata de una etapa intermedia entre el rojo y el verde.

En el caso de las construcciones, se ha optado por atribuir el color verde a la normalidad de la edificación o a cualquiera de sus componentes, posterior a la llegada de un efecto de índole meteorológico moderado o catastrófico, es decir, después del paso de un huracán, ciclón, lluvia intensa o un movimiento telúrico, se requiere realzar una inspección para saber si las condiciones del inmueble se encuentran sin un daño aparente.

Siendo el caso de no detectar ningún daño visible, se atribuye un código de color "verde", significa que la construcción puede continuar ser habitada con normalidad, así mismo, si fuera el caso, se detectan daños severos en la obra civil, se atribuye un código de color "Rojo", significa que la construcción no puede continuar siendo habitada con normalidad, por consiguiente, se realizara un estudio más detallado y si fuera el caso se recomendara ser rehabilitada o reconstruida, de la misma forma, se atribuye un código de color "ámbar", significa que la construcción puede continuar ser habitada, sin embargo, requiere de intervención para realizar reparaciones.

En la Tabla 3.1, se observa el nivel de riesgo estructural y su código correspondiente de colores de acuerdo al daño encontrado en una construcción.

Tabla 3.1: Escala del nivel de riesgo en la zona.

Riesgo estructural		
Orden de revisión	N I V E L	Nivel de riesgo
1	**Alarma**	
2	**Alerta**	
3	**Normal**	

El orden de revisión mostrado en la Tabla 3.1, significa que, al momento de realizar una inspección a un inmueble, en este se detecten primeramente las afectaciones de nivel de alarma, es decir, las más graves, posterior las de menor daño y por último identificar elementos estructurales sin daño aparente.

3.5.Diagnóstico del sistema estructural

Un diagnóstico de lo que provocan las condiciones dinámicas en los Elementos Estructurales (EE), son los esfuerzos internos, que producen que se deformen en cualquier dirección, estos movimientos generan esfuerzos con magnitud unidireccional, bidireccional y tridireccional, por consiguiente, a esto se le nombra el origen espacial de referencia de la fisura [OER], correspondientemente, lo cual crea una fisura en la dirección perpendicular o paralela a la resultante de los esfuerzos que causan la deformación triaxial, a esto se le llama zona de influencia de la fisura [ZI], la cual puede ser pasiva, estable y activa, dependiendo de los mecanismos de falla, provocados por las condiciones dinámicas, ocasionando que los materiales sean separados unos de otros, únicamente desplazándose y en casos más severos rotando.

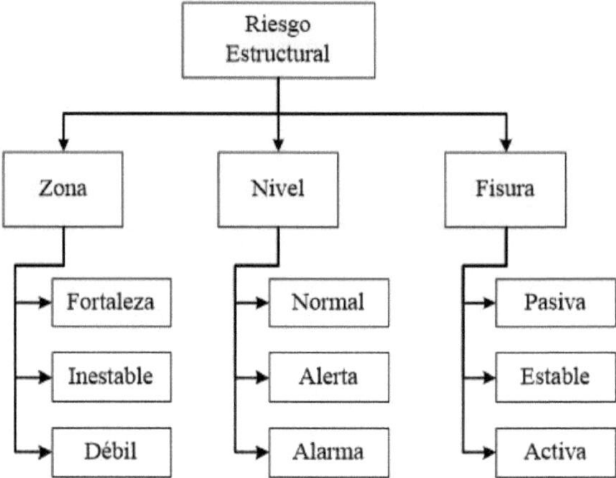

Figura 3.1: Diagrama de bloques del diagnóstico de riesgo estructural
Elaboración propia

El riesgo estructural crece cuando se combinan ciertos factores, por ejemplo, cuando el mecanismo de falla se presenta y afecta a una zona débil, el nivel de riesgo encontrado es alto y por este motivo se clasifica como un nivel de alarma y si la fisura prevalece es del tipo activa, debido a las variaciones de esfuerzo internos y externos de los mecanismos de falla; esta clasificación de zona de influencia, nivel de daño y tipo de fisura se puede observar en la Figura 3.1.

Los muros de mampostería de carga son utilizados para dividir arquitectónicamente las habitaciones, y están en contacto con los elementos de concreto, por otro lado, los tableros estructurales son espacios que dividen a los espacios arquitectónicos, los llamados tableros estructurales verticales; son aquellos formados por columnas y trabes, también llamados marcos, los tableros estructurales horizontales; son aquellos formados por trabes en un sistema de piso, también llamados parrillas, los huecos de los marcos son rellenados con muros diafragma y los huecos de las parrillas son rellenados con losas, este es un sistema constructivo común en la actualidad.

Cuando se presenta movimiento debido a esfuerzos accidentales o variables en la construcción, la interacción entre la estructura de concreto y los muros de mampostería hacen que se presenten fisuras verticales, horizontales y diagonales, especialmente aparecen horizontales en el contacto muro y trabe, las verticales aparecen en el contacto entre la columna y el muro, o incluso sobre el muro y las diagonales aparecen en la junta de columnas y el muro, en la unión de trabe y muro o al interior del muro.

Las zonas donde aparece un daño, tienen tres categorías; débil, inestable y de fortaleza, estas tienen un nivel de riesgo y se pueden relacionar con un código de colores, como se observa en la Tabla 3.1.

En la Tabla 3.2, se observa el nivel de riesgo estructural y su código correspondiente de colores de acuerdo al daño encontrado en una zona de influencia, donde se presentan indicios de afectaciones físicas y pueden ser visibles o invisibles, las zonas se clasifican de acuerdo a la resistencia de respuesta de los mecanismos de daño, estas se clasifican en tres zonas, la primera es la zona débil, en ella se presenta el mayor número de indicios de daño, la segunda es la zona inestable, en ella se presentan de forma conservadora indicios de daño y la tercera es la zona de fortaleza, en esta carece de indicios de daño en una construcción.

Tabla 3.2: Escala del nivel de riesgo en la zona de influencia del daño visible.

Riesgo estructural		
Orden de revisión	Z O N A	Nivel de riesgo
1	**Débil**	
2	**Inestable**	
3	**Fortaleza**	

El orden de revisión mostrado en la Tabla 3.2, significa que, al momento de realizar una inspección a un inmueble, en este se detecten primeramente las zonas de nivel de alarma, es decir, las más débiles, posterior las de menor daño y por último identificar las zonas de fortaleza con menor o nulo daño aparente.

Si las fisuras únicamente se observan en el perímetro del marco, lo que hay que hacer es repararlo, no hay realmente mayor daño, Cuando el agrietamiento es menor a 2 milímetros de espesor.

En el caso, de fisuras o grietas diagonales el diagnóstico del origen se atribuye a movimientos de interacción entre diversos elementos estructurales más alejados del daño, este es el motivo por el cual son de más cuidad.

En la Tabla 3.3, se observa el nivel de riesgo estructural y su código correspondiente de colores de acuerdo al tipo de fisura encontrado en una zona de influencia, donde se presentan indicios de afectaciones físicas visibles, las fisuras se clasifican de acuerdo a la actividad de respuesta de los mecanismos de daño, esta se clasifican en tres tipos, la primera es la fisura activa, en ella se presenta el mayor indicio de actividad, la segunda es la fisura estable, en ella se presentan de forma conservadora el indicio de actividad y la tercera es la fisura pasiva, en esta carece de indicios de actividad en una construcción.

Tabla 3.3: Escala del nivel de riesgo del tipo de fisura.

Riesgo estructural		
Orden de revisión	F I S U R A	Nivel de riesgo
1	**Activa**	
2	**Estable**	
3	**Pasiva**	

El orden de revisión mostrado en la Tabla 3.3, significa que, al momento de realizar una inspección a un inmueble, en este se detecten primeramente las fisuras de nivel de alarma, es decir, las más activas, posterior las de actividad conservadora y por último identificar las fisuras con menor o nula actividad aparente.

Dicho todo esto y utilizando la Figura 1.13, se debe realizar un diagnóstico para ubicar la ZI, el nivel de riesgo estructural y la intensidad de la fisura, con el propósito de tener certeza del estudio y poder realizar un tratamiento efectivo de reparación.

En la Tabla 3.4, se observa el nivel de riesgo estructural y su código correspondiente de colores de acuerdo al tipo de fisura Pasiva en una zona de influencia, donde se presentan indicios de afectaciones físicas visibles, la actividad de la intensidad estará definida en un rango de afectación bajo. Por esta razón se presenta la evaluación considerando los niveles de color verde.

Tabla 3.4: Escala del nivel de riesgo del tipo de fisura Pasiva.

Elemento Estructural	Fisura Pasiva								
	Normal			Alerta			Alarma		
	Intensidad			Intensidad			Intensidad		
Cimentación	X	X	X						
Muro	X	X	X						
Columna	X	X	X						
Trabe	X	X	X						
losa	X	X	X						

La zona de interacción de una o un grupo de fisuras pasivas en un EE y su asignación de valor se muestra en la Tabla 3.4, significa que, al momento de realizar una inspección a un inmueble, en este se detecten primeramente las fisuras de los elementos estructurales cercanos al nivel de piso.

La explicación de él porque el nivel de riesgo es bajo en una fisura pasiva se debe a que su presencia en la zona de influencia también es pasiva, por consecuencia, el mecanismo de falla, llego al límite de daño y su intensidad puede crecer, porque el elemento estructural tiene interacción con el medio ambiente y con los efectos de temperatura y presión.

En la Tabla 3.5, se observa el nivel de riesgo estructural y su código correspondiente de colores de acuerdo al tipo de fisura Estable en una zona de influencia, donde se presentan indicios de afectaciones físicas visibles, la actividad de la intensidad estará definida en un rango de afectación medio. Por esta razón se presenta la evaluación considerando los niveles de color ámbar.

Tabla 3.5: Escala del nivel de riesgo del tipo de fisura Estable.

Elemento Estructural	Fisura Estable								
	Normal			**Alerta**			**Alarma**		
	Intensidad			Intensidad			Intensidad		
Cimentación				X	X	X			
Muro				X	X	X			
Columna				X	X	X			
Trabe				X	X	X			
losa				X	X	X			

La zona de interacción de una o un grupo de fisuras Estables en un EE y su asignación de valor se muestra en la Tabla 3.5, significa que, al momento de realizar una inspección a un inmueble, en este se detecten primeramente las fisuras de los elementos estructurales cercanos al nivel de piso.

La explicación de él porque el nivel de riesgo es medio en una fisura estable se debe a que su presencia en la zona de influencia también es estable, por consecuencia, el mecanismo de falla solo se activara por alguna actividad de estimulación dinámica externa y su intensidad puede crecer, porque el elemento estructural tiene interacción con el medio ambiente y con los efectos de temperatura y presión.

En la Tabla 3.6, se observa el nivel de riesgo estructural y su código correspondiente de colores de acuerdo al tipo de fisura Activa en una zona de influencia, donde se presentan indicios de afectaciones físicas visibles, la actividad de la intensidad estará definida en un rango de afectación alto.

Por esta razón se presenta la evaluación considerando los niveles de color rojo.

Tabla 3.6: Escala del nivel de riesgo del tipo de fisura Activa.

Elemento Estructural	Fisura Activa								
	Normal			Alerta			Alarma		
	Intensidad			Intensidad			Intensidad		
Cimentación							X	X	X
Muro							X	X	X
Columna							X	X	X
Trabe							X	X	X
losa							X	X	X

La zona de interacción de una o un grupo de fisuras Activas en un EE y su asignación de valor se muestra en la Tabla 3.6, significa que, al momento de realizar una inspección a un inmueble, en este se detecten primeramente las fisuras de los elementos estructurales cercanos al nivel de piso.

La explicación de él porque el nivel de riesgo es alto en una fisura activa se debe a que su presencia en la zona de influencia también es activa, por consecuencia, el mecanismo de falla se activara en cualquier momento provocado por alguna actividad de estimulación dinámica mínima externa y su intensidad puede crecer, porque el elemento estructural tiene interacción con el medio ambiente y con los efectos de temperatura y presión.

En este documento se realiza la evaluación del diagnóstico sin considerar los límites del OER, debido a que los mecanismos de falla son diversos y solo nos centraremos en el estudio de la fisura, por lo tanto, se identifican las fisuras encontrando repeticiones en diversos tableros estructurales, de tal forma, que se seleccionan las más severas y se analizan, en este sentido, el diagnostico no puede ser general y solo se realizara una investigación analizando los módulos estructurales, estos están delimitados por una ZI del tablero estructural, identificando simultáneamente el nivel de riesgo y su intensidad de la fisura observada en el análisis en cuestión.

Ejemplo 3.1, utilizando la Figura 1.13, realizar el diagnóstico de la escala de nivel de riesgo de los elementos estructurales que conforman el sistema estructural.

Solución:

Se observa inexistencia de fisura en la cimentación, muro, columnas, trabe y losa, se percibe configuración estructural adecuada, por lo tanto, se presenta el diagnostico en una escala de riesgo normal color verde, con nula intensidad.

Tabla 3.5: Escala del nivel de riesgo del tipo de fisura Pasiva.

Elemento Estructural	Fisura Pasiva								
	Normal			**Alerta**			**Alarma**		
	Intensidad			Intensidad			Intensidad		
Cimentación	X								
Muro	X								
Columna	X								
Trabe	X								
losa	X								

Capítulo IV

---

4. Influencia del riesgo estructural

El módulo estructural está formado por aquellos elementos que forman el tablero estructural, como se observa en la Figura 4.1, cada uno de ellos puede alojar diversas fisuras, la selección redunda en utilizar la más desfavorable para indicar el mayor riesgo, a esto se le llama estaciones del módulo estructural; estos elementos y los riesgos se pueden representar en un arreglo matricial, los riesgos están divididos por niveles y estos a su vez se subdividen en tres intensidades.

Por lo tanto, la valoración tendrá nueve celdas, se enlistan los ejes del riesgo estructural, dependiendo de la ZI en el OER, y se coloca un valor dependiendo la zona donde aparece la fisura, se establecen las causas u origen espacial de referencia y el límite de influencia.

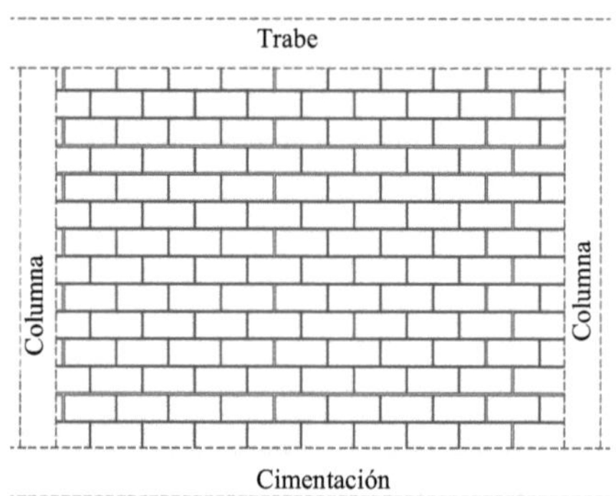

Figura 4.1: Representación del Módulo
Estructural.

En la Figura 4.1, se observa el límite de la ZI, conformado por elementos verticales (Columnas) y Elementos horizontales (Trabes), se observa que la zona débil se encuentra en el muro diafragma, por consiguiente, el OER, puede presentarse en la cimentación y dirigirse hacia una zona de influencia de daño, esta puede ser a las trabes o a las columnas, en ellas se puede presentar la zona inestable, el nivel de riesgo estructural se representa con su código correspondiente de colores de acuerdo al daño visible, sin embargo, puede existir daño invisible.

En la Tabla 4.1, se observa el nivel de riesgo estructural y su código correspondiente de colores de acuerdo al tipo de fisura encontrado en una zona de influencia, cada nivel esta subdividido en tres intensidades de riesgo, esto se explica en el Capítulo 3, donde se presentan indicios de afectaciones físicas visibles en las estaciones del ME, las fisuras se analizan de acuerdo al nivel y a la intensidad de riesgo en relación a la respuesta de los mecanismos de daño en una construcción.

Tabla 4.1: Escala del nivel e intensidades de riesgo en las estaciones del ME.

Estación	Nivel de Riesgo								
	Normal			Alerta			Alarma		
	Intensidad			Intensidad			Intensidad		
Cimentación	1	2	3	1	2	3	1	2	3
Muro	1	2	3	1	2	3	1	2	3
Columna	1	2	3	1	2	3	1	2	3
Trabe	1	2	3	1	2	3	1	2	3
losa	1	2	3	1	2	3	1	2	3

En la Tabla 4.1, se observa el nivel de riesgo estructural y su código correspondiente de colores de acuerdo a la tres escalas de nivel superior de la fisura encontrada en una zona de influencia, cada nivel esta subdividido en tres inferiores de riesgo, por lo tanto, se presentan indicios de afectaciones físicas visibles en las estaciones del ME, las fisuras se analizan de acuerdo al nivel superior e inferior de riesgo en relación a la respuesta de la estación afectada por un mecanismos de daño en una construcción.

Este procedimiento se puede repetir en una edificación, porque, pueden existir varios módulos estructurales de análisis, es decir, por ejemplo, se aplica un primer procedimiento en un módulo de análisis, que está conformado por un tablero estructural vertical en el eje 1 de una construcción, considerando la cimentación, las columnas, las trabes, el muro y la losa, por consiguiente si la construcción, presenta deterioro por presencia de fisuras en un tablero estructural contiguo, es decir, en el eje 2, se repite el proceso si las características físicas de la fisura son diferentes al primer procedimiento.

Los elementos estructurales como son las columnas y trabes, los tableros horizontales o verticales, la cimentación, los muros de mampostería o de concreto y la losa; donde se presenten fisuras o grietas forman el Módulo Estructural [ME], por consiguiente, en este documento se realiza el análisis de acuerdo a la estabilidad estructural temporal, con la finalidad de Valorar el Riesgo Estructural por Medio de un Análisis Multicriterio (AMC).

4.1.Zona de Influencia.

Esta zona está constituida por los elementos que forman el módulo estructural, se considera como los límites de la zona de influencia de una fisura, comenzando por el origen de esta, por donde avanza y en donde termina, las fronteras de actividad de la fisura están formadas por el material propio de los elementos de construcción, es importante mencionar que una fisura carece de material, es decir, es un espacio hueco, es una abertura del material, sus características físicas de la fisura son largo, ancho y grosor, pero recordemos que una fisura es cambiante en cualquier recorrido de ella, por lo tanto, sus dimensiones son continuas con geometrías variables.

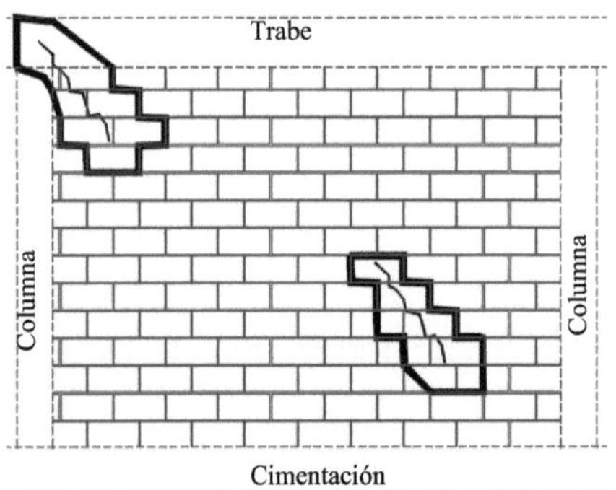

Figura 4.2: Representación la zona de influencia del ME.
Elaboración propia

En la Figura 4.2, se observa la ZI de la fisura, conformada por elementos verticales y horizontales, se observa en la parte superior del ME, una ZI dentro de los límites de la columna, de la trabe y del muro, en la parte inferior derecha, se observa una ZI, conformada solo por blockes de cemento.

Ejemplo 4.1:

Desarrollar la Escala del nivel e intensidades de riesgo en las estaciones del ME dé la Figura 4.2, utilizando la Tabla 4.1.

Datos:

Fisura superior:
- Se encuentra ubicada en la interacción de tres estaciones
- La ZI se encuentra localizada en la trabe, columna y muro
- Se encuentra ubicada en una zona inestable estructural. (color ámbar)
- La fisura se observa estable. (2 color ámbar).
- Su intensidad se observa en años. (Color verde), (Intensidad 1)

Solución:

Tabla 4.2: Solución de Escala del nivel e intensidades de riesgo en las estaciones del ME.

Estación	Nivel de Riesgo								
	Normal			Alerta			Alarma		
	Intensidad			Intensidad			Intensidad		
Cimentación									
Muro				X					
Columna				X					
Trabe				X					
losa									

Datos:

Fisura inferior:

- Se encuentra ubicada en la interacción de solo una estación.
- La ZI se encuentra localizada en el muro.
- Se encuentra ubicada en una zona de inestable, (Color ámbar).
- La fisura se observa estable (color ámbar).
- Su intensidad se observa en meses. (Color ámbar) (Intensidad 2)

Solución:

Tabla 4.3: Solución de Escala del nivel e intensidades de riesgo en las estaciones del ME.

Estación	Nivel de Riesgo								
	Normal			Alerta			Alarma		
	Intensidad			Intensidad			Intensidad		
Cimentación									
Muro					X				
Columna									
Trabe									
losa									

4.1.1. *Zona de Fortaleza*

Se rige por mantener pasivas las causas u origen espacial de referencia de la fisura, es decir, el riesgo de crecimiento o incremento esta desactivado, por consiguiente, el límite de influencia de la fisura ha llegado a controlarse, no requiere intervención externa y los daños presentados son reparables prácticamente con métodos económicos.

La intensidad de la fisura se encuentra en un nivel bajo, porque, las características físicas y geométricas pueden llegar a modificarse en años, además, se observa que los mecanismos de falla se estabilizaron y estos solo pueden activarse con la estimulación dinámica de un evento desbastador.

Esta zona, está integrada de materiales con un poder constitutivo de excelente calidad, los procedimientos de ejecución son aptos y tiene un óptimo desempeño en el módulo estructural, la magnitud de los mecanismos de falla es minimizada a tal grado que soporta los efectos de flexión, torsión, cortante, compresión y tensión, su composición estructural es altamente eficiente, tiene una alta capacidad para soportar deformaciones, en cuanto a su rigidez, esta zona es considerada con una relación de esbeltez muy adecuada, por lo consiguiente, tiene una alta eficiencia para transmitir las cargas y soportar fuerzas externas o internas, además, su capacidad de continuidad estructural es demasiado elevada, a tal grado, que propaga o amortigua los daños, alcanza altas deformaciones antes de sufrir daños y su módulo elástico sobrepasa los estándares medios del módulo, cuenta con características físicas y mecánicas aptas para no alcanzar el límite de servicio como lo indican los reglamentos actuales.

Tabla 4.4: Ubicación de la Escala del nivel e intensidades de riesgo en la Zona de fortaleza del ME.

Estación	Nivel de Riesgo								
	Normal			**Alerta**			**Alarma**		
	Intensidad			Intensidad			Intensidad		
Cimentación	X			X			X		
Muro	X			X			X		
Columna	X			X			X		
Trabe	X			X			X		
losa	X			X			X		

En la Tabla 4.4, se observa el nivel de riesgo estructural y su código correspondiente de colores de acuerdo a las tres escalas de nivel superior de la fisura encontrada en una zona de influencia, cada nivel esta subdividido en tres rangos inferiores de riesgo.

Por lo tanto, se presentan indicios de afectaciones físicas visibles en la zona de fortaleza de las estaciones del ME, las fisuras se analizan de acuerdo al nivel superior y a los niveles de intensidad 1, color verde como se observa en la Tabla 4.1, en el nivel de riesgo correspondiente y en relación a la respuesta de la estación afectada por un mecanismo de daño en una construcción.

4.1.2. Zona inestable

Se rige por mantener parcialmente pasivas las causas u origen espacial de referencia de la fisura, es decir, el riesgo de crecimiento o incremento es latente, por consiguiente, el límite de influencia de la fisura ha llegado a controlarse parcial o localmente, además, si requiere intervención mínima externa y los daños presentados son reparables con métodos comunes.

La intensidad de la fisura se encuentra en un nivel medio, porque, las características físicas y geométricas pueden llegar a modificarse en meses, además, se observa que los mecanismos de falla se estabilizaron parcialmente y estos solo pueden reactivarse con la estimulación dinámica de un evento meteorológico de magnitud media.

Esta zona, está integrada de materiales con un poder constitutivo de buena calidad, los procedimientos de ejecución son aptos y tiene un desempeño aceptable en el módulo estructural, la magnitud de los mecanismos de falla no es minimizada y soporta parcialmente los efectos de flexión, torsión, cortante, compresión y tensión, su composición estructural es eficiente, tiene la capacidad parcial para soportar deformaciones.

En relación a su rigidez, esta zona es considerada con una relación de esbeltez adecuada, por lo consiguiente, tiene una eficiencia parcial para transmitir las cargas y soportar limitadamente las fuerzas externas o internas, además, su capacidad de continuidad estructural es baja, a tal grado, que no propaga esfuerzos, por consiguiente, no tiene poder para amortiguar los daños, alcanza bajas deformaciones antes de alcanzar el daño.

Su módulo elástico está limitado a los estándares medios del ME, cuenta con características físicas y mecánicas aptas para no alcanzar el límite de servicio como lo indican los reglamentos actuales, sin embargo, esta zona es la antesala de afectaciones visibles debido a cargas cíclicas o esfuerzos no controlados, además, es considerada una zona de inflexión en un ME, sin embargo, debido a la variación de esfuerzos, tiene la posibilidad de ser una zona de control de deformaciones y también puede constituir una zona para inducir la intensidad del daño y dirigirlo a la zona de fortaleza para neutralizarlo.

Tabla 4.5: Ubicación de la Escala del nivel e intensidades de riesgo en la Zona Inestable del ME.

Estación	Nivel de Riesgo					
	Normal		**Alerta**		**Alarma**	
	Intensidad		Intensidad		Intensidad	
Cimentación	X		X		X	
Muro	X		X		X	
Columna	X		X		X	
Trabe	X		X		X	
losa	X		X		X	

En la Tabla 4.5, se observa el nivel de riesgo estructural y su código correspondiente de colores de acuerdo a la tres escalas de nivel superior de la fisura encontrada en una zona de influencia, cada nivel esta subdividido en tres rangos inferiores de riesgo, por lo tanto, se presentan indicios de afectaciones físicas visibles en la zona inestable de las estaciones del ME, las fisuras se analizan de acuerdo al nivel superior y a los niveles de intensidad 2, color ámbar como se observa en la Tabla 4.1, en el nivel de riesgo correspondiente y en relación a la respuesta de la estación afectada por un mecanismos de daño en una construcción.

4.1.3. *Zona débil*

Se rige por mantener activas las causas u origen espacial de referencia de la fisura, es decir, el riesgo de crecimiento o incremento es latente, por consiguiente, el límite de influencia de la fisura no tiene control parcial o localmente, si requiere intervención externa y los daños presentados pueden ser reparables con métodos especializados.

La intensidad de la fisura se encuentra en un nivel alto, porque, las características físicas y geométricas pueden llegar a modificarse en días, además, se observa que los mecanismos de falla se estabilizaron localmente y estos solo pueden reactivarse fácilmente con la estimulación dinámica de un evento meteorológico de magnitud baja.

Esta zona, está integrada de materiales con un poder constitutivo de mala calidad, los procedimientos de ejecución no son aptos y tiene un bajo desempeño en el ME.

La magnitud de los mecanismos de falla es maximizada y soporta nulamente los efectos de flexión, torsión, cortante, compresión y tensión, su composición estructural es deficiente, no tiene capacidad para soportar deformaciones.

En cuanto a su rigidez, esta zona es considerada con una relación de esbeltez deficiente, por lo consiguiente, tiene una deficiencia para transmitir las cargas.

No soporta las fuerzas externas o internas, además, su capacidad de continuidad estructural es nula, a tal grado, que no propaga esfuerzos, por consiguiente, no tiene poder para amortiguar los daños, alcanza bajas deformaciones antes de tener daño y su módulo elástico está limitado a los estándares bajos del ME, cuenta con características físicas y mecánicas aptas para alcanzar rápidamente el límite de servicio como lo indican los reglamentos actuales.

Sin embargo, en esta zona se observan las afectaciones visibles debido a cargas cíclicas o esfuerzos no controlados, además, es considerada una zona de concentración de daño en un ME.

Sin embargo, debido a la variación de esfuerzos, tiene la posibilidad de ser una zona de control de deformaciones para minimizar la intensidad del daño y concentrar los esfuerzos internos a través de un control de desplazamientos.

Tabla 4.6: Ubicación de la Escala del nivel e intensidades de riesgo en la Zona Débil del ME.

Estación	Normal			Alerta			Alarma		
	Intensidad			Intensidad			Intensidad		
Cimentación			X			X			X
Muro			X			X			X
Columna			X			X			X
Trabe			X			X			X
losa			X			X			X

En la Tabla 4.6, se observa el nivel de riesgo estructural y su código correspondiente de colores de acuerdo a la tres escalas de nivel superior de la fisura encontrada en una zona de influencia, cada nivel esta subdividido en tres rangos inferiores de riesgo, por lo tanto, se presentan indicios de afectaciones físicas visibles en la zona débil de las estaciones del ME, las fisuras se analizan de acuerdo al nivel superior y a los niveles de intensidad 3, color rojo como se observa en la Tabla 4.1, en el nivel de riesgo correspondiente y en relación a la respuesta de la estación afectada por un mecanismos de daño en una construcción.

Capítulo V

5. Nivel del riesgo Estructural

El riesgo estructural es sinónimo de peligro y antónimo de seguridad, los síntomas más comunes es la inestabilidad estructural, este efecto comienza con la perdida de rigidez y se incrementa cuando los mecanismos de falla permanecen o se multiplican, por lo tanto, para determinar el riesgo se calcula el valor esperado del daño como una magnitud del movimiento que puede producir una variación de la intensidad del efecto dinámico controlado, una vez conocido este valor cualquier incremento representa un daño y un incremento del riesgo de perder la estabilidad, cuando una fisura es encontrada el daño es positivo, por tal motivo, hay presencia de riesgo, esto detona el conocer qué nivel de daño ha alcanzado las características de la fisura.

5.1.Niveles de Riesgo estructural.

El riesgo se puede representar en una escala con colores como se mencionó en el Capítulo II, de acuerdo con criterios de observación física, además, la normatividad actual define esta escala de colores asignándole niveles de riesgo bajo, medio y alto, con magnitudes en una escala de valor creciente, es decir, se puede identificar el riesgo que presenta una fisura si se relaciona, analiza o compara con una escala de valores [EV] identificados con colores, donde el color verde indica normalidad (V-N), la fisura se encuentra en la zona No. 1 [Fortaleza] , el color amarillo indica alerta (A-A), la fisura se encuentra en la zona No. 2 [Inestable] y el color rojo indica alarma (R-A), la fisura se encuentra en la zona No. 3 [Débil].

5.1.1. Intensidad del riesgo estructural

Se refiere a la rapidez de crecimiento de la magnitud del daño, y se puede catalogar en años, meses y días, como se observa en la Tabla 5.1, indicando los niveles de riesgo, correspondientes a tres fases de análisis, en la fase 1, la intensidad de la fisura se localiza en una zona de fortaleza, por consiguiente, el nivel de riesgo pareciera normal, sin notar cambios con el paso del tiempo, en la fase 2, la intensidad de la fisura se localiza en una zona inestable, por consiguiente, el nivel de riesgo pareciera normal, sin embargo, se notan cambios con el paso del tiempo en meses y por último en la fase 3, la intensidad de la fisura se localiza en una zona débil, por consiguiente, el nivel de riesgo pareciera anormal, notando cambios rápidos con el paso de los días.

La fisura es la respuesta a la magnitud del daño, esto quiere decir que, la ZI donde aparece la fisura puede está dentro o fuera de los límites del OER, por consiguiente, la intensidad del riesgo incrementa cuando el mecanismo de falla este activo dentro de los límites del OER, si esto pasa, la ZI también crecerá con la misma magnitud de la afectación del daño, por consecuencia, el ME soportará el daño mientras su resistencia acepte los niveles de intensidad.

Tabla 5.1: Niveles de Intensidad del riesgo estructural (A)

A	Intensidad	Riesgo		
	Afectación/Daño/Tiempo	1	2	3
A1	Días			x
A2	Meses		x	
A3	Años	x		

En la Tabla 5.1, se observa el nivel de riesgo estructural y su código correspondiente de colores de acuerdo a la intensidad de la fisura encontrada en una zona de influencia, cada nivel está dividido en tres dimensiones de riesgo, por lo tanto, se presentan indicios de afectaciones físicas visibles en las estaciones del ME, las fisuras se analizan de acuerdo al nivel y a la intensidad de riesgo en relación a la respuesta de los mecanismos de daño en una construcción.

Las apreciaciones de los niveles de intensidad estarán presentes en cada momento en la evaluación de todas y cada una de las estaciones del ME, por lo tanto, se toma en cuenta que estos niveles son cambiantes y por ello forman parte integra de los ejes de riesgo en el arreglo matricial del AMC.

5.2.Ejes del Riesgo estructural.

En este documento se presentan seis ejes que representan las características físicas y geométricas de la fisura, estos ejes se analizan incorporando una evaluación para cada uno de los niveles de riesgo, se determinan de acuerdo a la observación de fisuras presentes en el ME, dichos ejes son analizados independientemente, sin considerar las causas de su origen.

Sin embargo, si se considera en la presente investigación el origen espacial de referencia de la fisura, la ubicación en relación a la zona de su presencia y su influencia, donde infiere un riesgo que provoca daño y se puede catalogar de acuerdo a:

1. **Magnitud.**
2. **Frecuencia de aparición.**
3. **Dirección.**
4. **Posición.**
5. **Sentido y**
6. **Origen**.

Así mismo, cada eje del ME se analiza identificando la escala de valor [EV] de acuerdo a los tres niveles crecientes identificados con colores, V-N, A-A y R-A.

5.2.1. Magnitud de la fisura

La magnitud de la fisura se percibe en su grosor o ancho, espesor o profundidad y en su longitud, la Figura 5.1, muestra tres tamaños de fisura, B1 se observa muy grande y puede tener dimensiones parecidas a una grieta, la B2, se observa con dimensiones menores a la fisura B1 y la fisura B3 su geometría es muy pequeña, se nota que la ZI de la fisura B1 tiene limitantes en tres estaciones del ME.

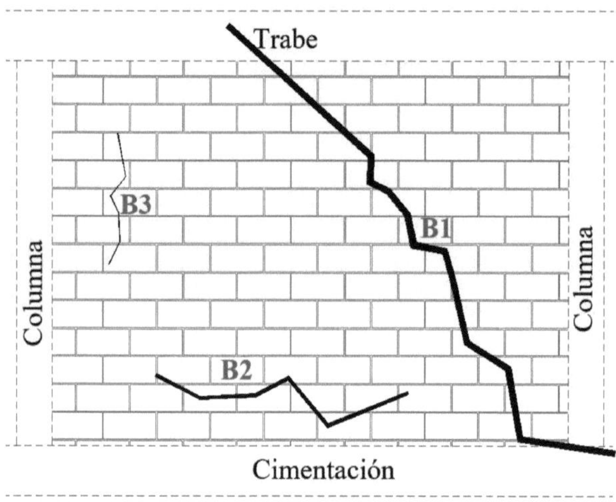

Figura 5.1: Magnitud de aparición de fisuras.
Elaboración propia

En la Figura 5.1, se observan tres características físicas y geométricas de las fisuras presentes en un ME, las fisuras que se muestran están denotadas como B1, B2 y B3, estas muestran diferencias en relación a su disposición y apariencia, se nota la diferencia de la ZI de cada una de ellas y su OER, la conformación es aleatorio y su magnitud puede ser pequeña, mediana o grande.

Dicha magnitud se debe en gran medida a dos factores el primero a la dinámica del muro o de sus partes, lo cual es provocado por fuerzas internas de tensión o compresión del propio confinamiento, y la segunda, cuya afectación es más grave, porque provoca mayor intensidad en la magnitud de la fisura, cuando existe límite de falla por la dinámica en los elementos estructurales interactuantes (Cicer, 2010).

La intensidad de la magnitud se manifiesta con el espesor, la profundidad y la longitud de la fisura, esta suele incrementar la respuesta estructural a tal grado que crece la intensidad de la fisura alcanzando que se convierta en grieta, como se observa en la Figura 5.1.

Las fisuras con espesor y grosor menor a 2 mm. (B3), producen menor riesgo que las de 2 a 5 mm. (B2), y estas a su vez, producen menor riesgo que las de mayor dimensión a 5 mm. (B1), su riesgo estructural se determina como se observa en la Tabla 5.2.

Tabla 5.2: Riesgo estructural debido a la magnitud de la fisura (B)

B	Magnitud de la fisura	**Tipo de** Riesgo		
	Espesor y Profundidad	1	2	3
B1	> 5 mm			x
B2	2 - 5 mm		x	
B3	< 2 mm	x		

En la Tabla 5.2, se observa el nivel de riesgo estructural y su código correspondiente de colores de acuerdo a la magnitud de la fisura encontrada en una zona de influencia, cada nivel está dividido en tres dimensiones de riesgo, por lo tanto, se presentan indicios de afectaciones físicas visibles en las estaciones del ME, las fisuras se analizan de acuerdo al nivel y a la magnitud de riesgo en relación a la respuesta de los mecanismos de daño en una construcción.

5.2.2. *Frecuencia de la fisura*

La frecuencia de aparición de fisuras en zonas dañadas es más común que en zonas alejadas de la falla o donde se localiza el daño local. El número de fisuras provocara el estudio de la geometría de fisuras en forma individual y colectiva, es por esta razón que se debe cuantificar en que porcentaje se ubican.

En la Figura 5.2, se observan seis zonas de influencia, en cada una de ellas aparece un numero de fisuras, la frecuencia de fisuras se puede contabilizar en razón a su disposición o repetición, otras características serán; las dimensiones, su geometría, el recorrido, la separación entre ellas.

Normalmente la frecuencia de las fisuras en un ME, tiene un patrón establecido, porque, aparecen paralelas entre sí, es decir, la ZI de cada una se intercepta con la otra, esto hace referencia a un comportamiento discontinuo en zonas de inestabilidad y zonas débiles.

La ZI denominada C1, presenta cinco fisuras paralelas diagonales, por consiguiente, su evaluación en una escala de código de color, será la más alta o desfavorable, la ZI denominada C2, presenta tres fisuras paralelas y diagonales, su evaluación en una escala de código de color, será la media, y por último el la ZI denominada C3, presenta dos fisuras paralelas, diagonales horizontales y verticales, su evaluación en una escala de código de color, será la baja.

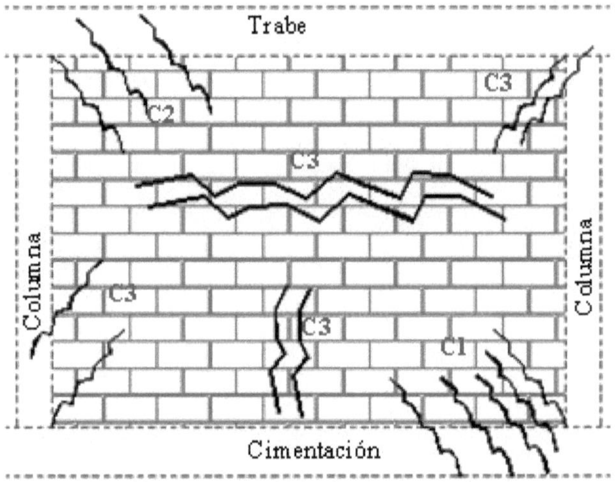

Figura 5.2: Frecuencia de aparición de fisuras.
Elaboración propia

En la Figura 5.2, se observan tres características físicas y geométricas de las fisuras presentes en un ME, las fisuras que se muestran están denotadas como C1, C2 y C3, estas muestran diferencias en relación a porcentaje de aparición o número de fisuras, se nota la diferencia de la ZI de cada una de ellas y su OER, la conformación es aleatorio y su frecuencia puede ser pequeña en donde solo aparece una fisura, mediana en donde aparece más de una fisura o grande que puede ser una zona llena de fisuras.

La frecuencia de aparición de fisuras en la Figura 5.2 se observa con mayor frecuencia en la zona "C1" posterior en la zona "C2" y con menor intensidad en la zona "C3", de esta manera se enlista el riesgo en la Tabla 5.3, por tanto, se observa que más del 50% del muro diafragma tiene fisuras por tanto se encuentra en el nivel 3 de riesgo estructural.

Tabla 5.3: Riesgo estructural debido a la frecuencia de las fisuras (C).

C	Frecuencia de la fisura	Tipo de Riesgo		
	% Aparición en el Elemento	1	2	3
C1	50 - 100 %			x
C2	25 - 50 %		x	
C3	0 - 25 %	x		

En la Tabla 5.3, se observa el nivel de riesgo estructural y su código correspondiente de colores de acuerdo a la frecuencia de la fisura encontrada en una zona de influencia, cada nivel esta subdividido en tres dimensiones de riesgo, por lo tanto, se presentan indicios de afectaciones físicas visibles en las estaciones del ME, las fisuras se analizan de acuerdo al nivel y a la frecuencia cuantitativa y cualitativa de riesgo en relación a la respuesta de los mecanismos de daño en una construcción.

5.2.3. *Dirección de la fisura*

La determinación de la dirección de las fisuras, es un análisis muy simple que requiere de un periodo muy corto de observación, solo habrá que referenciar el ángulo que forma el sentido de la fisura, que pase por el centro geométrico y la línea de límite de la periferia del muro, ubicar el origen y destino, como se observa en la Figura 5.3.

En la Figura 5.3, se observan diez fisuras cada una en una ZI, en ellas se observa características físicas diferentes, la dirección de la fisura estará conformado con la línea horizontal o vertical de referencia y la orientación de la fisura, es decir, la dirección es un Angulo, cuya abertura comenzará en la vertical u horizontal y fisura, se puede contabilizar en razón a su apertura y tendrá un valor menor a 90 grados.

Dicho lo anterior se dispone de identificar valores del ángulo de referencia y su disposición en el ME, por lo tanto, la característica principal de las fisuras horizontales tendrán un ángulo de apertura de cero grados y su nivel de riesgo será bajo de acuerdo a propiedades gravitatorias, las fisuras verticales tendrán un ángulo de apertura de noventa grados y su nivel de riesgo será medio de acuerdo a propiedades interacción de elementos verticales, y por último, las fisuras diagonales tendrán un ángulo de apertura de cuarenta y cinco grados y su nivel de riesgo será alto de acuerdo a propiedades de interacción de electos verticales y horizontales.

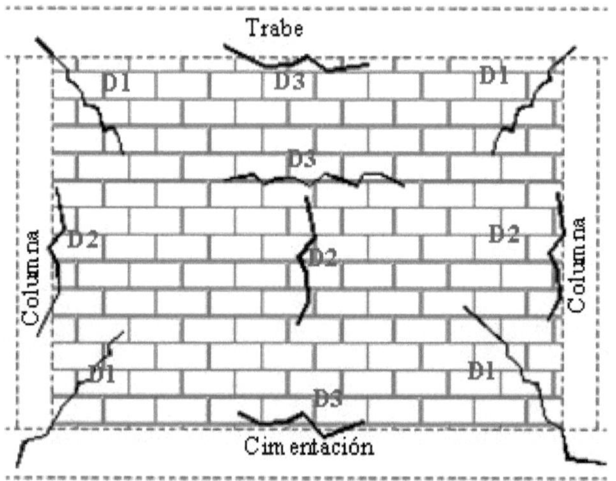

Figura 5.3: Dirección de aparición de fisuras.
Elaboración propia

En la Figura 5.3, se observan tres características globales de dirección de las fisuras presentes en un ME, las fisuras que se muestran están denotadas como D1, D2 y D3, estas muestran diferencias en relación a su disposición y apariencia, se nota la diferencia de la ZI de cada una de ellas y su OER, la conformación es aleatorio y su dirección puede ser horizontal, vertical o diagonal.

Las fisuras en dirección Diagonal (D1), separan a los EE y lo provoca el deslizamiento, desplazamiento o asentamiento de los soportes de la edificación. Las fisuras en dirección Vertical (D2), las provoca solo los deslizamientos verticales entre dos EE y las Horizontales (D3), son producto de esfuerzos de flexión y se enlistan en la Tabla 5.4.

Tabla 5.4: Riesgo estructural debido a la dirección de la fisura (D).

D	Dirección de la fisura	Tipo de Riesgo		
		1	2	3
D1	Diagonal			x
D2	Vertical		x	
D3	Horizontal	x		

En la Tabla 5.4, se observa el nivel de riesgo estructural y su código correspondiente de colores de acuerdo a la dirección de la fisura encontrada en una zona de influencia, cada nivel está dividido en tres dimensiones de riesgo, por lo tanto, se presentan indicios de afectaciones físicas visibles en las estaciones del ME, las fisuras se analizan de acuerdo al nivel y a la dirección de riesgo en relación a la respuesta de los mecanismos de daño en una construcción.

5.2.4. *Posición de la fisura*

La posición de las fisuras en un elemento estructural (FEE), en la mayoría de veces es desconcertante, porque aparece en el lugar menos esperado, por esta razón, es imprescindible ubicar el centro geométrico, de las cargas que producen la falla, por tanto, la posición esquinera

(E1) será cuando la fisura se encuentre cercana al vértice en la esquina donde se unen dos o más elementos estructurales EE.

La posición Medianera (E2), será ubicada cuando la fisura se encuentre en la periferia del EE alejada de las esquinas y la posición Interior (E3), cuando la fisura se encuentre en el interior del EE, alejada de la periferia y de las esquinas, como se observa en la Figura 5.4.

Los problemas más graves son cuando esta fisura se encuentra encapsulada dentro del EE y su presencia es inminente al momento de un colapso local, los mayores indicios de riesgo son en combinaciones de dirección diagonal y posición esquinera de fisuras, dicha posición aparece cuando dos elementos estructurales interactúan por un mecanismo de falla evidentemente alto.

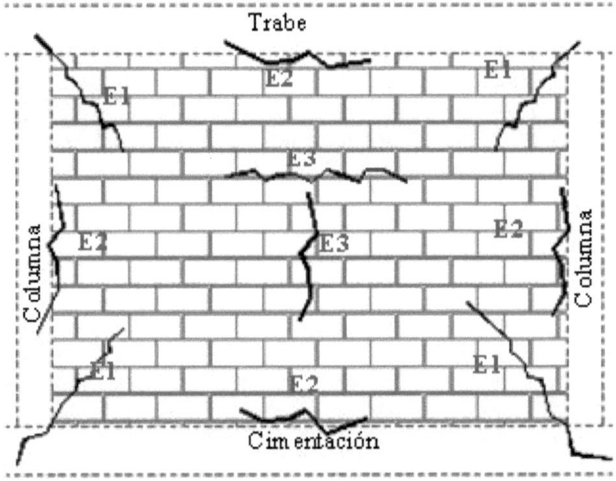

Figura 5.4: Posición de aparición de fisuras.
Elaboración propia

Posterior, los indicios de riesgo en combinaciones de cualquier dirección y posición medianera, presentan un riesgo medio, porque las estaciones del ME interactúan y muestran un desplazamiento gravitatorio, provocado por un mecanismo de falla medio, los indicios de riesgo en combinaciones de cualquier dirección y posición interior, presentan un riesgo bajo, porque la zona es de transición entre estaciones del ME que interactúan cuando existe una deformación flexional, provocado por un mecanismo de falla bajo.

En la Figura 5.4, se observan tres características globales de posición de las fisuras presentes en un ME, las fisuras que se muestran están denotadas como E1, E2 y E3, estas fisuras, muestran diferencias en relación a su disposición y apariencia, se nota la diferencia de la ZI de cada una de ellas y su OER, la conformación es aleatoria y su posición puede ser esquinera, medianera o interior.

Las fisuras que aparecen en la unión de tres EE (E1), producen mayor daño que las que aparecen en dos EE (E2) y aún menos riesgo si solo aparecen en uno EE (E3). Esto se enlista en la Tabla 5.5.

Tabla 5.5: Riesgo estructural debido a la posición de la fisura (E).

E	Posición de la fisura	Tipo de Riesgo		
		1	2	3
E1	Esquinera			x
E2	Medianera		x	
E3	Interior	x		

En la Tabla 5.5, se observa el nivel de riesgo estructural y su código correspondiente de colores de acuerdo a la magnitud de la fisura encontrada en una zona de influencia, cada nivel esta subdividido en tres dimensiones de riesgo, por lo tanto, se presentan indicios de afectaciones físicas visibles en las estaciones del ME, las fisuras se analizan de acuerdo al nivel y a las dimensiones geométricas de riesgo en relación a la respuesta de los mecanismos de daño en una construcción.

5.2.5. *Sentido de la fisura*

Las fisuras provocan mayor daño si su sentido se dirige hacia el exterior (F1) del elemento estructural o del ME, esto significa que los esfuerzos provenientes del OER, o del origen del daño van encaminados a causar más daño, esto es razonable, porque el mecanismo de falla le causó daño interior al elemento estructural y su zona de influencia fuerte ya fue afectada y los alrededores son inestables, en realidad, el problema se maximiza cuando se activan y aparecen fisuras en las zonas inestables y cuando se comienzan a dañar elementos estructurales contiguos de menor resistencia.

El EE contiguo detiene aparentemente el daño inicial cuando la fisura ya recorrió el primer EE en forma longitudinal o transversal completa y su acción es de tal magnitud que inicia un daño permanente en un EE contiguo, o bien, si este EE resiste los esfuerzos del daño inicial, entonces crece de magnitud la fisura.

Caso contrario suele ser, cuando el destino de la fisura es hacia el interior (F3), significa que solo un EE presentara daño y la fisura busca dañar zonas débiles del ME, la fisura se convierte en nivel estable cuando recorre y sobrepasa los límites de la zona de influencia, esto significa que se va alejando del centro de torsión del mecanismo de falla disminuyendo su intensidad.

Cuanto se concentran esfuerzos en el interior de un EE, las fisuras no crecen o avanzan, y en consecuencia estas forman un círculo o una telaraña (F2), aparentemente el daño se estabilizo y su acción posterior es el desprendimiento por expulsión, cuando aparece este daño existen esfuerzos de flexo compresión como se observa en la Figura 5.5.

Cuando se detecta el sentido de la fisura y se incrementa la frecuencia de estas en magnitud creciente, significa que el daño de OER y el origen del mecanismo de falla, permanece activo y está creciendo o va avanzando cambiando de posición, y su acción afectara a más EE, esto pasa en un evento devastador, como un sismo, si todas las estaciones del ME, captan el daño y lo resisten lo que queda será un ME destruido, su reparación será demasiado costosa.

El sentido Exterior (F1), será ubicada cuando la fisura se dirige hacia el exterior y ha traspasado longitudinal o transversalmente uno o varios EE, por otro lado, cuando las fisuras forman sentido circular (F2) y cuando la fisura lleva sentido interior (F3), cuando la fisura se encuentre en el interior del EE, alejada de la periferia y de las esquinas, como se observa en la Figura 5.5.

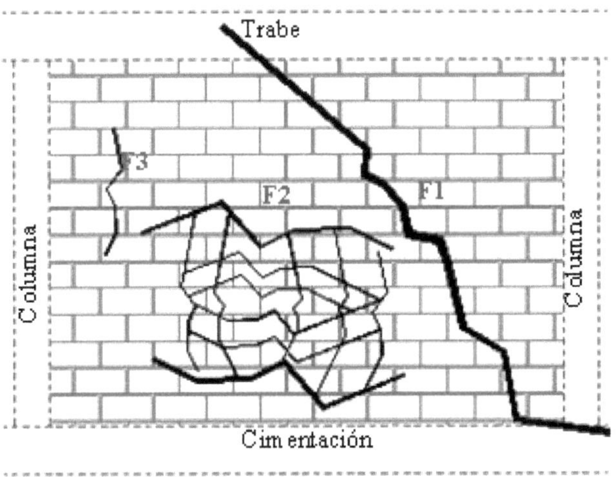

Figura 5.5: Sentido de aparición de fisuras.
Elaboración propia

En la Figura 5.5, se observan tres características globales de sentidos de las fisuras presentes en un ME, las fisuras que se muestran están denotadas como F1, F2 y F3, estas muestran diferencias en relación a su disposición y apariencia, se nota la diferencia de la ZI de cada una de ellas y su OER, la conformación es aleatorio y su sentido puede ser exterior, circular e interior.

El riesgo estructural debido al sentido de las fisuras se observa en la Tabla 5.6.

Tabla 5.6: Riesgo estructural debido al sentido de la fisura.

F	Sentido de la fisura	Tipo de Riesgo		
		1	2	3
F1	Exterior			x
F2	Circular		x	
F3	Interior	x		

5.2.6. *Origen de la fisura*

El origen de la fisura inicia en el punto de inicio de flecha, como se representa en la Figura 5.6.

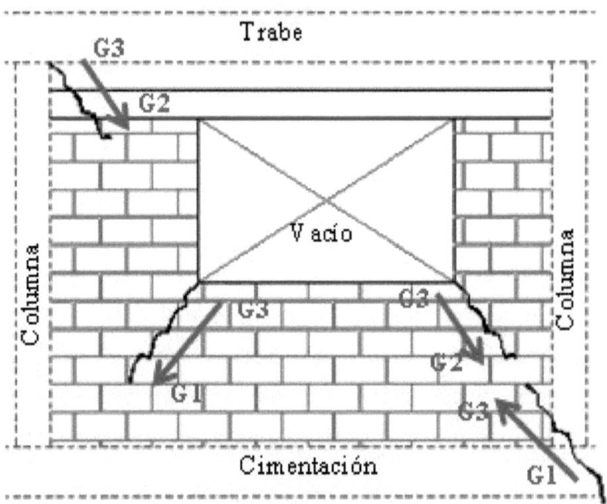

Figura 5.6: Zona que da Origen a la fisura.
Elaboración propia

La geometría de las fisuras se puede representar en un arreglo matricial, donde se enlisten las zonas de debilitamiento o fortaleza del EE, y que se establezcan las causas u origen espacial de referencia y el límite de influencia como se observa en la Tabla 5.7.

Tabla 5.7: Riesgo estructural debido al Origen de la fisura (G).

G	Origen de la fisura	Tipo de Riesgo		
	Inicio de Aparición	1	2	3
G1	Cimentación			x
G2	Columnas		x	
G3	Trabes	x		

Capítulo VI

6. Método Multicriterio

6.1.Celda de valor

La celda de análisis para cada nivel de riesgo, se determina utilizando primeramente una secuencia numérica continua como se muestra en la Tabla 6.1, se observa que la asignación de valor debe ser único en cada una de los seis ejes de riesgo estructural para cada una de las cinco estaciones del ME.

Se coloca un valor en la celda, este valor corresponde al sistema binario, por tal situación solo se colocarán ceros o unos en cada celda de valor.

La Tabla 6.1, muestra en la estación "Cimentación" seguida de seis ejes de riesgo estructural iniciando con un valor ponderado de escala de colores, tomando como base los niveles de riesgo del Capítulo 5, se observa que se aplican el valor binario "uno" en la celda 9 en el eje "Magnitud", lo que corresponde a que se identificó el grado máximo de alarma al observar el mecanismo de falla en el módulo estructural de análisis.

Por ejemplo:

$$1. \quad f_{(i=1,\,r=1)} \quad = \quad 0;$$

$$2. \quad f_{(1,9)} \quad = \quad 1;$$

$$3. \quad f_{(i,r)} \quad \neq \quad \emptyset$$

Tabla 6.1: Asignación de valor en la celda correspondiente a la fisura.

Eje del Riesgo Estructural (i)		Nivel de Riesgo (r)								
		Normal			Alerta			Alarma		
		1	2	3	4	5	6	7	8	9
Cimentación	Magnitud	0	0	0	0	0	0	0	0	1
	Frecuencia	0	0	0	0	0	0	1	0	0
	Dirección	1	0	0	0	0	0	0	0	0
	Posición	0	0	0	0	1	0	0	0	0
	Sentido	0	0	1	0	0	0	0	0	0
	Origen	0	1	0	0	0	0	0	0	0

Posterior se analiza el eje "Frecuencia", asignando un valor a la celda número siete, así sucesivamente se asignan valores numéricos de acuerdo al nivel de afectación en el elemento estructural y se asigna valores nulos en las celdas libres de análisis.

6.2.Grado de riesgo de la fisura

El análisis matricial de la fisura comienza con la determinación del grado de riesgo, esto se debe a la aparición de fisuras en cada elemento estructural, el valor numérico asignado en la Tabla 6.2, corresponde a la magnitud del mecanismo de falla en cada uno de los elementos estructurales del módulo estructural.

El grado de riesgo estructural se puede definir como el valor numérico del nivel del eje de riesgo, correspondiente a la respuesta dinámica. Este valor se encuentra en la Tabla 6.2.

Tabla 6.2: Asignación de valor en la celda correspondiente a la fisura.

Eje del Riesgo Estructural (i)		Grado de Riesgo [GR]
Elemento Estructural	Magnitud	6
	Frecuencia	5
	Dirección	4
	Posición	3
	Sentido	2
	Origen	1

La asignación de grado de riesgo estructural en cada uno de los ejes corresponde en grado menor a la evidencia de reconocimiento físico del origen de la fisura, posterior a la definición del sentido, posterior a la ubicación de la posición en el EE, posterior a determinar la dirección de la falla, uno de los grados mayores de afectación es cuando la frecuencia de aparición de fisuras es elevada, esta es la razón por la cual se asigna el grado cinco, el ultimo grado se considera a al eje magnitud de la fisura, debido al grado de afectación que puede tener una construcción cuando se presente aberturas muy grandes de la fisura o de la grieta en estudio.

Un elemento estructural puede tener varios grados de riesgo estructural, así como también, puede no tener grado de afectación.

Una de las fisuras más peligrosas es aquella que se encuentra en la losa de entrepiso posterior a un sismo, por lo que se le asigna la denotación de "estación número cinco", con un Orden de peligrosidad uno, con afectaciones por mecanismos de falla de aparición de fisuras mayores a 5 mm de profundidad; por tal situación se denota con una intensidad elevada nivel tres.

Por lo tanto, el nivel de riesgo tiene un valor numérico nueve, además, las fisuras son localizadas con una frecuencia en el 80%, lo que determina un riesgo tipo tres en el elemento estructural de estudio, por lo consiguiente, el nivel de riesgo tiene un valor numérico nueve:

ME, Estación cinco, Orden de peligrosidad 1, Grado 5 Nivel 9, Grado 6 Nivel 9

[ME,E5, O1, G5-9, G6-9]

El código de daño del módulo estructural o de cualquiera de sus elementos estructurales antes del colapso será **"G6-9"**.

6.3.Ponderación del Orden estructural.

Las estaciones del ME se analizan de forma Multicriterio, pueden ser eventos aislados y su ocurrencia puede desencadenar eventos seriados y simultáneos de las estaciones y sus celdas de valor como se observa en la Tabla 6.3.

Tabla 6.3: Asignación de ponderación de Orden correspondiente a cada estación estructural.

Estación Estructural	Orden de Peligrosidad [u]	Ponderación del orden estructural [%] [PO]
Cimentación	5	20
Columnas	4	20
Muros	3	20
Trabes	2	20
Losas	1	20

Se considera una igualdad de condiciones de afectación en el Módulo Estructural, es decir, los mecanismos de falla en cada elemento estructural tienen la misma importancia y las sumas de dichas ponderaciones [PO_T] darán como resultado el 100 % en magnitud cuantitativa, como se observa en la Ecuación 1.

$$PO_T = \sum_{u=1}^{5} PO_u \leq 100 \qquad (1)$$

u: Representa el Orden de peligrosidad de las cinco estaciones.

De acuerdo a la Tabla 6.3, el orden de peligrosidad se otorga al elemento estructural más alejado del piso, este elemento es la losa, debido a las situaciones de caída libre

6.4. Ponderación del Grado de Riesgo.

Los valores correspondientes al grado de peligrosidad de las estaciones estructurales se analizan de forma Multicriterio, pueden ser eventos aislados y su ocurrencia puede desencadenar eventos seriados y simultáneos de los ejes y sus celdas de valor como se observa en la Tabla 6.4.

Tabla 6.4: Asignación de ponderación de Eje correspondiente a cada estación estructural.

Eje del Riesgo Estructural (i)		Ponderación de la estación estructural (s)		
		P (s)	GR (t)	GR (s)
Estación Estructural	Magnitud	5.71		6
	Frecuencia	4.76		5
	Dirección	3.81	21.00	4
	Posición	2.86		3
	Sentido	1.90		2
	Origen	0.95		1

Se considera una igualdad de condiciones de afectación en el Módulo Estructural, es decir, los mecanismos de falla en cada elemento estructural tienen la misma importancia y las sumas de dichas ponderaciones [P_S] daran como resultado el valor de 0 % en magnitud cuantitativa, utilizando la Ecuación 2, 3 y 4; variara dicha igualdad; si y solo si, se presenta una afectación física provocada por algún mecanismo de falla.

$$GR_T = \sum_{s=1}^{6} GR_s = 21 \qquad (2)$$

$$P_{(T)} = \left.\frac{S}{PO_T}\right|_{s=1}^{6} \qquad (3)$$

$$P_{(s)} = \left.\frac{S * PO_{(T)}}{GR_{(T)}}\right|_{s=1}^{6} \qquad (4)$$

s: Representa el grado de riesgo de los seis ejes.

i: Representa el riesgo estructural en cada una de las estaciones.

6.5. Ponderación de celda de valor.

Los valores correspondientes se analizan de forma Multicriterio, pueden ser eventos aislados y su ocurrencia puede desencadenar eventos seriados y simultáneos de los elementos estructurales como se observa en la Tabla 6.5.

Tabla 6.5: Asignación de ponderación correspondiente a cada estación estructural.

Eje del Riesgo Estructural		Valoración de celdas f (x)					
		f(x)	PC (s)	PO_T	P (s)	GR_T	GR (s)
Cimentación	Magnitud	1.000	5.714		5.71		6.00
	Frecuencia	1.000	4.762		4.76		5.00
	Dirección	1.000	3.810	20.000	3.81	21.00	4.00
	Posición	1.000	2.857		2.86		3.00
	Sentido	1.000	1.905		1.90		2.00
	Origen	1.000	0.952		0.95		1.00

La aparición de un mecanismo de falla en una etapa o nivel de riesgo se aplica al ME y se definirá con la Ecuación 1, 2, 3, 4, pero esto desencadena la presencia de un campo de valor en cualquier estación, por consiguiente, se asigna valor al campo, en cada estación activada, así mismo, sus valores ponderados se determinan al aplicar la Ecuación 5.

$$f(x)_{(j)} = \sum_{j=1}^{9} C_{(j)}^{a} * \frac{j}{9}$$

$$C_{(j)}^{a=0} = 0 \quad C_{(j)}^{a=1} = 1, \quad a=0,1 \quad \text{condición binaria}$$

(5)

Dónde:

x: Representa la posición del eje de riesgo.

$C_{(j)}$:   Representa el valor del campo ($x_{(i,j)}$) incluye condición única de valor.

j: Representa la prioridad de los nueve campos de asignación de valor.

La condición única de valor se refiere a que cada una de las celdas debe tomar un valor binario, indicado de acuerdo a la nula presencia de fisura colocando un valor nulo, por consiguiente, al encontrar presencia de fisura se coloca el valor numérico la unidad, este último valor únicamente puede sustituir a un solo valor numérico nulo.

Capítulo VII

---

7. Análisis del Módulo Estructural

7.1. Falla estructural

El origen de falla se atribuye a mecanismos diversos, los cuales son por asentamientos del suelo, desplazamientos verticales con ruptura de la cimentación o de cualquier EE y se llama falla por cortante.

El deslizamiento aparece cuando la cimentación o algún EE se desplazan horizontal o diagonalmente respecto del suelo.

La falla por flexión aparece cuando las cargas provocan una flecha en la parte central del EE y cuando la fuerza es demasiado grande y el EE no soporta dicha fuerza, ubicada en el centro de torsión, provoca aplastamiento.

La aparición de Fisuras y de Grietas provocan mecanismos de falla en los diversos EE, lo cual hace que se enlisten de acuerdo a la ponderación de daño que representen, si bien los daños estructurales son peligrosos en cualquier EE, en este documento se enlistan las fisuras de acuerdo si su aparición reciente o a su ubicación en el EE de acuerdo al daño que pudieran provocar si fallaran unos primeros que otros.

Los materiales reaccionan a las fallas en los EE, las fuerzas cíclicas provocan daño y las más graves son cuando estas sobrepasan los límites elásticos, por tal situación lo más peligroso será cuando existan rotaciones laterales y locales, anticipadamente existirán pandeos laterales y centrales, y lo menos peligroso serán las reducciones por bloque de cortante o por compresión.

Las deformaciones provocadas por daño son ubicadas en algún lugar visible en el interior y exterior en los EE, la posición, dirección y magnitud detona lo grave del daño, por tal situación la forma Diagonal provoca Rotación del EE, enseguida aparecen fisuras transversales, longitudinales y las menos peligrosas las Axiales que provocan aplastamiento.

El colapso es el MF más peligroso que puede provocar el daño en los EE, es repentino, abrupto e inminente, todos los mecanismos o solo algunos, pero con una intensidad superior al límite de servicio y de falla, la magnitud máxima del colapso se emana de la energía acumulada en los EE, la energía se concenta localmente, por tal situación se debe considerar dichas concentraciones en la estructuración de la edificación.

7.2. Análisis de Fisura

Se observó en cada una de las fisuras encontradas al momento de aplicar la metodología

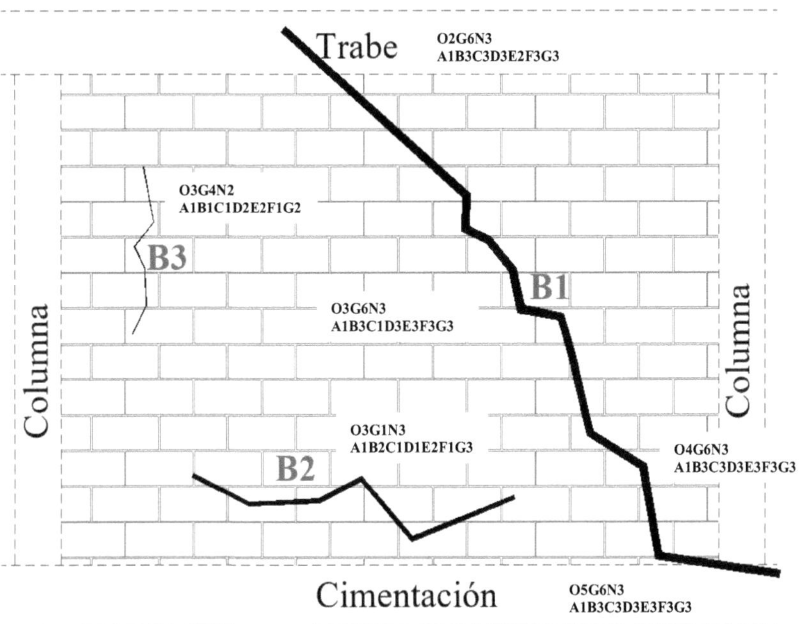

Figura 7.1: Modulo Estructural con tres fisuras.
Elaboración propia

7.2.1. *Análisis de fisuras en muros*

a) Análisis de la Fisura B1 en el muro:

A) Intensidad

	1	2	3
Días			x
Meses		x	
Años	x		

B) Magnitud

	1	2	3
> 5 mm			x
2 - 5 mm		x	
< 2 mm	x		

C) Frecuencia

	1	2	3
50 - 100 %			x
25 - 50 %		x	
0 - 25 %	x		

D) Dirección

	1	2	3
Diagonal			x
Vertical		x	
Horizontal	x		

E) Posición

	1	2	3
Esquinera			x
Medianera		x	
Interior	x		

F) Sentido

	1	2	3
Exterior			x
Circular		x	
Interior	x		

G) Origen

	1	2	3
Cimentación			x
Columnas		x	
Trabes	x		

		Fisuras		
		1	2	3
A) Intensidad	Días			
	Meses			
	Años	X		
B) Magnitud	> 5 mm			X
	2 - 5 mm			
	< 2 mm			
C) Frecuencia	50 - 100 %			
	25 - 50 %			
	0 - 25 %	X		
D) Dirección	Diagonal			X
	Vertical			
	Horizontal			
E) Posición	Esquinera			X
	Medianera			
	Interior			
F) Sentido	Exterior			X
	Circular			
	Interior			
G) Origen	Cimentación			X
	Columnas			
	Trabes			

Figura 7.2: Representación del análisis de fisura B1 en muro.
Elaboración propia

Fisura Tipo   **A1B3C1D3E3F3G3**

b) Ponderación del análisis de la Fisura B1 en el muro:

Tabla 7.1: Asignación de ponderación correspondiente a la fisura B1 en muro.

Eje del Riesgo Estructural		Nivel de Riesgo									Valoración						
		Normal			Alerta			Alarma			f(x)	PC (s)	PO_J	P (s)	GR_T	GR (s)	PO_T
		1	2	3	4	5	6	7	8	9	10	11	12	13	14	15	16
Muro	Magnitud	0	0	1	0	0	0	0	0	0	0.333	1.905		5.71		6.00	
	Frecuencia	1	0	0	0	0	0	0	0	0	0.111	0.529		4.76		5.00	
	Dirección	0	0	1	0	0	0	0	0	0	0.333	1.270	5.608	3.81	21.00	4.00	20.00
	Posición	0	0	1	0	0	0	0	0	0	0.333	0.952		2.86		3.00	
	Sentido	0	0	1	0	0	0	0	0	0	0.333	0.635		1.90		2.00	
	Origen	0	0	1	0	0	0	0	0	0	0.333	0.317		0.95		1.00	

c) Código del análisis de la Fisura B1 en el muro:

- Orden   le corresponde al análisis = 3, por tener análisis en el muro.
- Grado   le corresponde el criterio del valor más alto, corresponde a magnitud = 6.
- Nivel   le corresponde al nivel alcanzado en el grado = 3.

Código: **O3G6N3**

d) Grafica del análisis de la Fisura B1 en el muro:

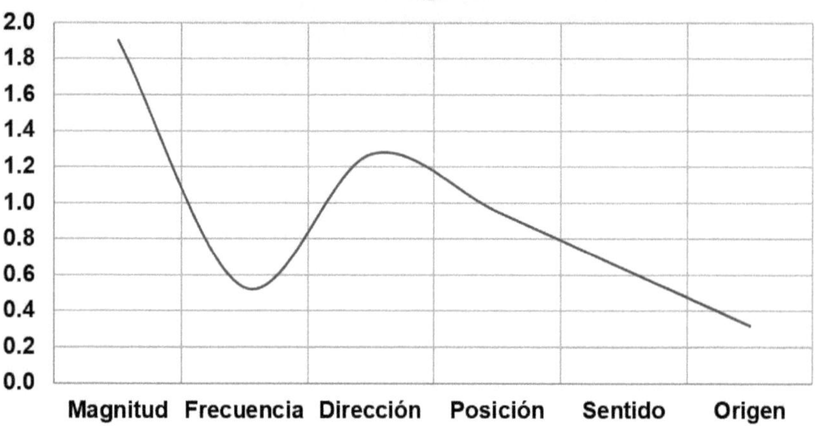

Figura 7.3: Representación Gráfica del análisis de fisura B1 en muro.
Elaboración propia

a) Análisis de la Fisura B2 en el muro:

A) Intensidad

	1	2	3
Días			x
Meses		x	
Años	x		

B) Magnitud

	1	2	3
> 5 mm			x
2 - 5 mm		x	
< 2 mm	x		

C) Frecuencia

	1	2	3
50 - 100 %			x
25 - 50 %		x	
0 - 25 %	x		

D) Dirección

	1	2	3
Diagonal			x
Vertical		x	
Horizontal	x		

E) Posición

	1	2	3
Esquinera			x
Medianera		x	
Interior	x		

F) Sentido

	1	2	3
Exterior			x
Circular		x	
Interior	x		

G) Origen

	1	2	3
Cimentación			x
Columnas		x	
Trabes	x		

		Fisuras		
		1	2	3
A) Intensidad	Días			
	Meses			
	Años	X		
B) Magnitud	> 5 mm			
	2 - 5 mm		X	
	< 2 mm			
C) Frecuencia	50 - 100 %			
	25 - 50 %			
	0 - 25 %	X		
D) Dirección	Diagonal			
	Vertical			
	Horizontal	X		
E) Posición	Esquinera			
	Medianera		X	
	Interior			
F) Sentido	Exterior			
	Circular			
	Interior	X		
G) Origen	Cimentación			X
	Columnas			
	Trabes			

Figura 7.4: Representación del análisis de fisura B2 en muro.
Elaboración propia

Fisura Tipo **A1B2C1D1E2F1G3**

b) Ponderación del análisis de la Fisura B2 en el muro:

Tabla 7.2: Asignación de ponderación correspondiente a la fisura B2 en muro.

Eje del Riesgo Estructural	Nivel de Riesgo									Valoración						
	Normal			Alerta			Alarma			f(x)	PC (s)	PO_J	P (s)	GR_T	GR (s)	PO_T
	1	2	3	4	5	6	7	8	9	10	11	12	13	14	15	16
Muro — Magnitud	0	1	0	0	0	0	0	0	0	0.222	1.270		5.71		6.00	
Frecuencia	1	0	0	0	0	0	0	0	0	0.111	0.529		4.76		5.00	
Dirección	1	0	0	0	0	0	0	0	0	0.111	0.423	3.386	3.81	21.00	4.00	20.00
Posición	0	1	0	0	0	0	0	0	0	0.222	0.635		2.86		3.00	
Sentido	1	0	0	0	0	0	0	0	0	0.111	0.212		1.90		2.00	
Origen	0	0	1	0	0	0	0	0	0	0.333	0.317		0.95		1.00	

c) Código del análisis de la Fisura B2 en el muro:

- Orden   le corresponde al análisis = 3, por tener análisis en el muro.
- Grado   le corresponde el criterio del valor más alto, corresponde a origen = 1.
- Nivel   le corresponde al nivel alcanzado en el grado = 3.

Código: **O3G1N3**

d) Grafica del análisis de la Fisura B2 en el muro:

Figura 7.5: Representación Gráfica del análisis de fisura B2 en muro.
Elaboración propia

a) Análisis de la Fisura B3 en el muro:

A) Intensidad

	1	2	3
Días			x
Meses		x	
Años	x		

B) Magnitud

	1	2	3
> 5 mm			x
2 - 5 mm		x	
< 2 mm	x		

C) Frecuencia

	1	2	3
50 - 100 %			x
25 - 50 %		x	
0 - 25 %	x		

D) Dirección

	1	2	3
Diagonal			x
Vertical		x	
Horizontal	x		

E) Posición

	1	2	3
Esquinera			x
Medianera		x	
Interior	x		

F) Sentido

	1	2	3
Exterior			x
Circular		x	
Interior	x		

G) Origen

	1	2	3
Cimentación			x
Columnas		x	
Trabes	x		

		Fisuras		
		1	2	3
A) Intensidad	Días			
	Meses			
	Años	X		
B) Magnitud	> 5 mm			
	2 - 5 mm			
	< 2 mm	X		
C) Frecuencia	50 - 100 %			
	25 - 50 %			
	0 - 25 %	X		
D) Dirección	Diagonal			
	Vertical		X	
	Horizontal			
E) Posición	Esquinera			
	Medianera		X	
	Interior			
F) Sentido	Exterior			
	Circular			
	Interior	X		
G) Origen	Cimentación			
	Columnas		X	
	Trabes			

Figura 7.6: Representación del análisis de fisura B3 en muro.
Elaboración propia

Fisura Tipo   **A1B1C1D2E2F1G2**

b) Ponderación del análisis de la Fisura B3 en el muro:

Tabla 7.3: Asignación de ponderación correspondiente a la fisura B3 en muro.

Eje del Riesgo Estructural		Nivel de Riesgo									Valoración						
		Normal			Alerta			Alarma			$f(x)$	PC (s)	PO_J	P (s)	GR_T	GR (s)	PO_T
		1	2	3	4	5	6	7	8	9	10	11	12	13	14	15	16
Muro	Magnitud	1	0	0	0	0	0	0	0	0	0.111	0.635		5.71		6.00	
	Frecuencia	1	0	0	0	0	0	0	0	0	0.111	0.529		4.76		5.00	
	Dirección	0	1	0	0	0	0	0	0	0	0.222	0.847	3.069	3.81	21.00	4.00	20.00
	Posición	0	1	0	0	0	0	0	0	0	0.222	0.635		2.86		3.00	
	Sentido	1	0	0	0	0	0	0	0	0	0.111	0.212		1.90		2.00	
	Origen	0	1	0	0	0	0	0	0	0	0.222	0.212		0.95		1.00	

c) Código del análisis de la Fisura B3 en el muro:

- Orden   le corresponde al análisis = 3, por tener análisis en el muro.
- Grado   le corresponde el criterio del valor más alto, corresponde a dirección = 4.
- Nivel   le corresponde al nivel alcanzado en el grado = 2.

Código: **O3G4N2**

d) Grafica del análisis de la Fisura B3 en el muro:

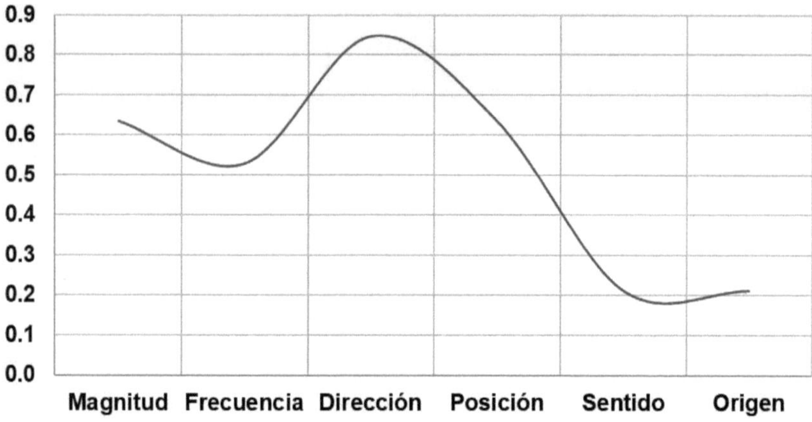

Figura 7.7: Representación Gráfica del análisis de fisura B3 en muro.
Elaboración propia

7.2.2. *Análisis de fisuras en trabes*

a) Análisis de la Fisura B1 en la Trabe:

A) Intensidad

	1	2	3
Días			x
Meses		x	
Años	x		

B) Magnitud

	1	2	3
> 5 mm			x
2 - 5 mm		x	
< 2 mm	x		

C) Frecuencia

	1	2	3
50 - 100 %			x
25 - 50 %		x	
0 - 25 %	x		

D) Dirección

	1	2	3
Diagonal			x
Vertical		x	
Horizontal	x		

E) Posición

	1	2	3
Esquinera			x
Medianera		x	
Interior	x		

F) Sentido

	1	2	3
Exterior			x
Circular		x	
Interior	x		

G) Origen

	1	2	3
Cimentación			x
Columnas		x	
Trabes	x		

		Fisuras		
		1	2	3
A) Intensidad	Días			
	Meses			
	Años	X		
B) Magnitud	> 5 mm			X
	2 - 5 mm			
	< 2 mm			
C) Frecuencia	50 - 100 %			X
	25 - 50 %			
	0 - 25 %			
D) Dirección	Diagonal			X
	Vertical			
	Horizontal			
E) Posición	Esquinera			
	Medianera		X	
	Interior			
F) Sentido	Exterior			X
	Circular			
	Interior			
G) Origen	Cimentación			X
	Columnas			
	Trabes			

Figura 7.8: Representación del análisis de fisura B1 en trabe.
Elaboración propia

Fisura Tipo **A1B3C3D3E2F3G3**

b) Ponderación del análisis de la Fisura B1 en la Trabe:

Tabla 7.4: Asignación de ponderación correspondiente a la fisura B1 en trabe.

Eje del Riesgo Estructural		Nivel de Riesgo									Valoración						
		Normal			Alerta			Alarma			$f(x)$	PC (s)	PO_J	P (s)	GR_T	GR (s)	PO_T
		1	2	3	4	5	6	7	8	9	10	11	12	13	14	15	16
Muro	Magnitud	0	0	1	0	0	0	0	0	0	0.333	1.905		5.71		6.00	
	Frecuencia	0	0	1	0	0	0	0	0	0	0.333	1.587		4.76		5.00	
	Dirección	0	0	1	0	0	0	0	0	0	0.333	1.270	6.349	3.81	21.00	4.00	20.00
	Posición	0	1	0	0	0	0	0	0	0	0.222	0.635		2.86		3.00	
	Sentido	0	0	1	0	0	0	0	0	0	0.333	0.635		1.90		2.00	
	Origen	0	0	1	0	0	0	0	0	0	0.333	0.317		0.95		1.00	

c) Código del análisis de la Fisura B1 en la Trabe:

- Orden   le corresponde al análisis = 2, por tener análisis en la trabe.
- Grado   le corresponde el criterio del valor más alto, corresponde a magnitud = 6.
- Nivel   le corresponde al nivel alcanzado en el grado = 3.

Código: **O2G6N3**

d) Grafica del análisis de la Fisura B1 en la trabe:

Figura 7.9: Representación Gráfica del análisis de fisura B1 en trabe.
Elaboración propia

7.2.3. *Análisis de fisuras en columnas*

a) Análisis de la Fisura B1 en la Columna:

A) Intensidad

	1	2	3
Días			x
Meses		x	
Años	x		

B) Magnitud

	1	2	3
> 5 mm			x
2 - 5 mm		x	
< 2 mm	x		

C) Frecuencia

	1	2	3
50 - 100 %			x
25 - 50 %		x	
0 - 25 %	x		

D) Dirección

	1	2	3
Diagonal			x
Vertical		x	
Horizontal	x		

E) Posición

	1	2	3
Esquinera			x
Medianera		x	
Interior	x		

F) Sentido

	1	2	3
Exterior			x
Circular		x	
Interior	x		

G) Origen

	1	2	3
Cimentación			x
Columnas		x	
Trabes	x		

		Fisuras		
			1	2	3
A) Intensidad	Días				
	Meses				
	Años		X		
B) Magnitud	> 5 mm				X
	2 - 5 mm				
	< 2 mm				
C) Frecuencia	50 - 100 %				
	25 - 50 %				
	0 - 25 %		X		
D) Dirección	Diagonal				X
	Vertical				
	Horizontal				
E) Posición	Esquinera				X
	Medianera				
	Interior				
F) Sentido	Exterior				X
	Circular				
	Interior				
G) Origen	Cimentación				X
	Columnas				
	Trabes				

Figura 7.10: Representación del análisis de fisura B1 en columna.
Elaboración propia

Fisura Tipo   **A1B3C1D3E3F3G3**

b) Ponderación del análisis de la Fisura B1 en la Columna:

Tabla 7.5: Asignación de ponderación correspondiente a la fisura B1 en columna.

Eje del Riesgo Estructural		Nivel de Riesgo									Valoración						
		Normal			Alerta			Alarma			f(x)	PC (s)	PO_J	P (s)	GR_T	GR (s)	PO_T
		1	2	3	4	5	6	7	8	9	10	11	12	13	14	15	16
Muro	Magnitud	0	0	1	0	0	0	0	0	0	0.333	1.905		5.71		6.00	
	Frecuencia	1	0	0	0	0	0	0	0	0	0.111	0.529		4.76		5.00	
	Dirección	0	0	1	0	0	0	0	0	0	0.333	1.270	5.608	3.81	21.00	4.00	20.00
	Posición	0	0	1	0	0	0	0	0	0	0.333	0.952		2.86		3.00	
	Sentido	0	0	1	0	0	0	0	0	0	0.333	0.635		1.90		2.00	
	Origen	0	0	1	0	0	0	0	0	0	0.333	0.317		0.95		1.00	

c) Código del análisis de la Fisura B1 en la Columna:

- Orden   le corresponde al análisis = 4, por tener análisis en la Columna.
- Grado   le corresponde el criterio del valor más alto, corresponde a magnitud = 6.
- Nivel   le corresponde al nivel alcanzado en el grado = 3.

Código: **O4G6N3**

d) Grafica del análisis de la Fisura B1 en la Columna:

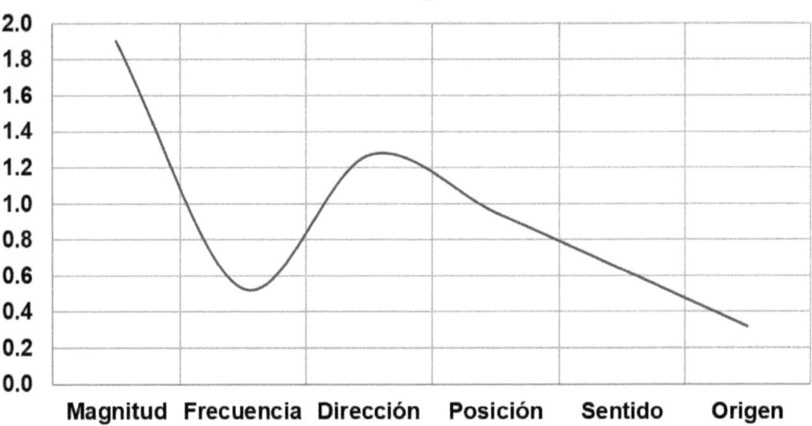

Figura 7.11: Representación Gráfica del análisis de fisura B1 en columna.
Elaboración propia

7.2.4. *Análisis de fisuras en cimentación*

a) Análisis de la Fisura B1 en la cimentación:

A) Intensidad

	1	2	3
Días			x
Meses		x	
Años	x		

B) Magnitud

	1	2	3
> 5 mm			x
2 - 5 mm		x	
< 2 mm	x		

C) Frecuencia

	1	2	3
50 - 100 %			x
25 - 50 %		x	
0 - 25 %	x		

D) Dirección

	1	2	3
Diagonal			x
Vertical		x	
Horizontal	x		

E) Posición

	1	2	3
Esquinera			x
Medianera		x	
Interior	x		

F) Sentido

	1	2	3
Exterior			x
Circular		x	
Interior	x		

G) Origen

	1	2	3
Cimentación			x
Columnas		x	
Trabes	x		

		Fisuras		
		1	2	3
A) Intensidad	Días			
	Meses			
	Años	X		
B) Magnitud	> 5 mm			X
	2 - 5 mm			
	< 2 mm			
C) Frecuencia	50 - 100 %			
	25 - 50 %			
	0 - 25 %	X		
D) Dirección	Diagonal			X
	Vertical			
	Horizontal			
E) Posición	Esquinera			X
	Medianera			
	Interior			
F) Sentido	Exterior			
	Circular			
	Interior	X		
G) Origen	Cimentación			X
	Columnas			
	Trabes			

Figura 7.12: Representación del análisis de fisura B1 en cimentación.
Elaboración propia

Fisura Tipo **A1B3C1D3E3F1G3**

b) Ponderación del análisis de la Fisura B1 en la cimentación:

Tabla 7.6: Asignación de ponderación correspondiente a la fisura B1 en cimentación.

Eje del Riesgo Estructural		Nivel de Riesgo									Valoración						
		Normal			Alerta			Alarma			f(x)	PC (s)	PO$_J$	P (s)	GR$_T$	GR (s)	PO$_T$
		1	2	3	4	5	6	7	8	9	10	11	12	13	14	15	16
Muro	Magnitud	0	0	1	0	0	0	0	0	0	0.333	1.905		5.71		6.00	
	Frecuencia	1	0	0	0	0	0	0	0	0	0.111	0.529		4.76		5.00	
	Dirección	0	0	1	0	0	0	0	0	0	0.333	1.270	5.185	3.81	21.00	4.00	20.00
	Posición	0	0	1	0	0	0	0	0	0	0.333	0.952		2.86		3.00	
	Sentido	1	0	0	0	0	0	0	0	0	0.111	0.212		1.90		2.00	
	Origen	0	0	1	0	0	0	0	0	0	0.333	0.317		0.95		1.00	

c) Código del análisis de la Fisura B1 en la cimentación:

- Orden   le corresponde al análisis = 5, por tener análisis en la Cimentación.
- Grado   le corresponde el criterio del valor más alto, corresponde a magnitud = 6.
- Nivel   le corresponde al nivel alcanzado en el grado = 3.

Código: **O5G6N3**

d) Grafica del análisis de la Fisura B1 en la Cimentación:

Figura 7.13: Representación Gráfica del análisis de fisura B1 en cimentación.
Elaboración propia

7.3. Ponderación del ME

a) Ponderación general del Módulo Estructural:

Tabla 7.7: Asignación de ponderación del ME.

Eje del Riesgo Estructural		Normal			Alerta			Alarma			f(x)	PC (s)	PO_T	P (s)	GR_T	GR (s)	PO_T
		1	2	3	4	5	6	7	8	9	10	11	12	13	14	15	16
Cimentación	Magnitud	0	0	1	0	0	0	0	0	0	0.333	1.905	5.185	5.71	21.00	6.00	20.00
	Frecuencia	1	0	0	0	0	0	0	0	0	0.111	0.529		4.76		5.00	
	Dirección	0	0	1	0	0	0	0	0	0	0.333	1.270		3.81		4.00	
	Posición	0	0	1	0	0	0	0	0	0	0.333	0.952		2.86		3.00	
	Sentido	1	0	0	0	0	0	0	0	0	0.111	0.212		1.90		2.00	
	Origen	0	0	1	0	0	0	0	0	0	0.333	0.317		0.95		1.00	
Columnas	Magnitud	0	0	1	0	0	0	0	0	0	0.333	1.905	5.608	5.71	21.00	6.00	20.00
	Frecuencia	1	0	0	0	0	0	0	0	0	0.111	0.529		4.76		5.00	
	Dirección	0	0	1	0	0	0	0	0	0	0.333	1.270		3.81		4.00	
	Posición	0	0	1	0	0	0	0	0	0	0.333	0.952		2.86		3.00	
	Sentido	0	0	1	0	0	0	0	0	0	0.333	0.635		1.90		2.00	
	Origen	0	0	1	0	0	0	0	0	0	0.333	0.317		0.95		1.00	
Muros	Magnitud	0	0	1	0	0	0	0	0	0	0.333	1.905	5.608	5.71	21.00	6.00	20.00
	Frecuencia	1	0	0	0	0	0	0	0	0	0.111	0.529		4.76		5.00	
	Dirección	0	0	1	0	0	0	0	0	0	0.333	1.270		3.81		4.00	
	Posición	0	0	1	0	0	0	0	0	0	0.333	0.952		2.86		3.00	
	Sentido	0	0	1	0	0	0	0	0	0	0.333	0.635		1.90		2.00	
	Origen	0	0	1	0	0	0	0	0	0	0.333	0.317		0.95		1.00	
Trabes	Magnitud	0	0	1	0	0	0	0	0	0	0.333	1.905	6.349	5.71	21.00	6.00	20.00
	Frecuencia	0	0	1	0	0	0	0	0	0	0.333	1.587		4.76		5.00	
	Dirección	0	0	1	0	0	0	0	0	0	0.333	1.270		3.81		4.00	
	Posición	0	1	0	0	0	0	0	0	0	0.222	0.635		2.86		3.00	
	Sentido	0	0	1	0	0	0	0	0	0	0.333	0.635		1.90		2.00	
	Origen	0	0	1	0	0	0	0	0	0	0.333	0.317		0.95		1.00	
Losas	Magnitud	1	0	0	0	0	0	0	0	0	0.111	0.635	2.222	5.71	21.00	6.00	20.00
	Frecuencia	1	0	0	0	0	0	0	0	0	0.111	0.529		4.76		5.00	
	Dirección	1	0	0	0	0	0	0	0	0	0.111	0.423		3.81		4.00	
	Posición	1	0	0	0	0	0	0	0	0	0.111	0.317		2.86		3.00	
	Sentido	1	0	0	0	0	0	0	0	0	0.111	0.212		1.90		2.00	
	Origen	1	0	0	0	0	0	0	0	0	0.111	0.106		0.95		1.00	

Figura 7.14: Representación del análisis del ME.
Elaboración propia

b) Grafica del análisis del ME:

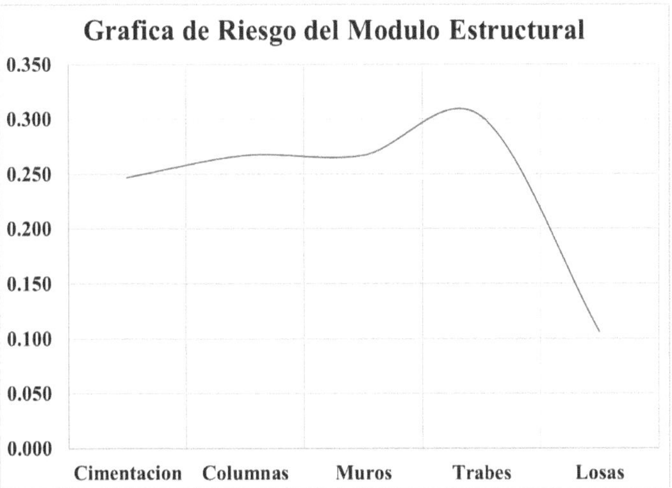

Figura 7.15: Representación Gráfica del análisis del ME.
Elaboración propia

Capítulo VIII

Conclusiones

8. Conclusiones

Es clara la importancia del control de fisuras, debido a que muestra los comportamientos reales del mecanismo de falla y su origen, además posibilita la toma de decisiones para cambiar la respuesta estructural en forma local, en este tomo se realizó la valoración del riesgo estructural, aplicando técnicas Multicriterio. La obtención de resultados implementando la metodología concluye con las ventajas siguientes:

1. El modelo considera la historia de las fisuras en los elementos estructurales, generando resultados para determinar el diagnostico de riesgo.
2. La simulación muestra resultados significativos al momento de evaluarlos, debido a que muestran los orígenes de los mecanismos de falla que provocan las fisuras.
3. Basándose en la metodología y los resultados obtenidos, se notó que la cimentación es el origen de los mecanismos de falla y de la estimulación dinámica de activación.
4. Si la estimulación dinámica de respuesta es inferior a la estimulación dinámica de activación aparece un mecanismo de falla físico.
5. Se implemento un código alfanumérico y numérico de la fisura y del Módulo Estructural.
6. Se puede tipificar numéricamente una fisura presente en un módulo estructural,
7. Se puede identificar el riesgo de uno o varios Módulos Estructurales en una edificación, con la finalidad de realizar una planificación de reparación por prioridad de daño.
8. Se puede clasificar una edificación de acuerdo a los Módulos Estructurales constitutivos.
9. Aplicando el Método JECC descrito en la presente obra se logra realizar un diagnóstico utilizando los Modelos estructurales de los edificios.
10. Se puede obtener un código y un tipo del Módulo Estructural identificándolo por nivel, conjunto de niveles, edificación o conjunto de edificaciones.

9. Referencias

Académico, E., & Ingeniería, P. D. E. (2019). Facultad de ingeniería. 0–1.

Ardito, R. (2019). Flexural capacity of long-span transversely loaded hollow block masonry walls. Construction and Building Materials, 220, 489–502. https://doi.org/10.1016/j.conbuildmat.2019.06.042

Ardito, R., & Taliercio, A. (2019). Flexural capacity of long-span transversely loaded hollow block masonry walls. Construction and Building Materials, 220, 489–502. https://doi.org/10.1016/j.conbuildmat.2019.06.042

Arrieta, F. (2016). Patologia en edificaciones. Congreso Internaqcional De Ingenieria, 1, 1–55. http://www.usmp.edu.pe/vision2017/pdf/materiales/vision_2016_chela.pdf

Barkovich, M. (2013). Un modelo para la distribución de semáforos en una calle como problema integrador en los cursos introductorios de las carreras de Ingeniería.

Bartolomé, Á. S. (2013). Comportamiento a fuerza cortante de muros delgados de concreto reforzados en su zona central con barras de acero, fibra de polipropileno y con fibra de acero. 1.

BUILDERS, M. (2018). Productos BASF.

CENAPRED. (2014). Diagnóstico de Peligros e Identificación de Riesgos de Desastres en México.

CENAPRED. (2016). Evaluacion de la seguridad estructural de edificios.

Chagoyén, E. (2009). Rectangular Shallow Diseño Óptimo Foundations de Cimentaciones Superficiales Optimal Design . Formulation Formulación. 2009.

Cho, G. C. (2008). Funciones de vulnerabilidad y matrices de seismic vulnerability functions and seismic damage probability matrices for masonry buildings using techniques simulation. 63–76.

Cicer. (2008). Patologias en mamposteria de ceramica roja. 1–13.

Cicer. (2010). Patologias en mamposteria de ceramica roja. 1–13.

Civil, E. D. E. I., Cabrera, A., Tatiana, R., Civil, I. N. G., & Julver, A. (2014). plaza cantos raúl eduardo tutor :

Colombiana, A. (2013). Evaluación del nivel de daño en viviendas afectadas por sismos.

Colombiana, A., & Sísmica, D. E. I. (2010). Capítulo iii evaluación del nivel de daño en viviendas afectadas por sismos.

Concreto, D. E. (2012). Reparación de Grietas Estructurales Por Inyección de Resinas Epóxicas. 1–8.

Conr, D. (2016). Tipos de fisuras.

Crespo, E. (2016). Análisis del agrietamiento en concreto a través de la técnica de emisiones acústicas. 479.

Cruz, A. I. O. (2019). Experimental study of in-plane shear strength of con fi ned concrete masonry walls with joint reinforcement. Engineering Structures, 182(June 2018), 213–226. https://doi.org/10.1016/j.engstruct.2018.12.040

Cruz, A. I. O., Pérez-gavilán, J. J. E., & Flores, L. C. (2019). Experimental study of in-plane shear strength of con fi ned concrete masonry walls with joint reinforcement. Engineering Structures, 182(June 2018), 213–226. https://doi.org/10.1016/j.engstruct.2018.12.040

Delgados, Y., Desarrollo, Y., Cortante, C. A. F., Muros, D. E., Reforzados, D. E. C., Zona, S. U., Con, C., Polipropileno, D. E., & De, F. (2013). comportamiento a fuerza cortante de muros delgados de concreto reforzados en su zona central con barras de acero ,. 1.

Deyazada, M. (2019). Experimental investigations on the resistance of masonry walls with AAC thermal break layer. Construction and Building Materials, 224, 474–492. https://doi.org/10.1016/j.conbuildmat.2019.06.205

Deyazada, M., Vandoren, B., Dragan, D., & Degée, H. (2019). Experimental investigations on the resistance of masonry walls with AAC thermal break layer. Construction and Building Materials, 224, 474–492. https://doi.org/10.1016/j.conbuildmat.2019.06.205

Dilrukshi, K. G. S. (2010). Numerical modelling of cracks in masonry walls due to thermal movements in an overlying slab. Engineering Structures, 32(5), 1411–1422. https://doi.org/10.1016/j.engstruct.2010.01.019

Dilrukshi, K. G. S., Dias, W. P. S., & Rajapakse, R. K. N. D. (2010). Numerical modelling of cracks in masonry walls due to thermal movements in an overlying slab. Engineering Structures, 32(5), 1411–1422. https://doi.org/10.1016/j.engstruct.2010.01.019

Estructurales, R. (2013). Manual de Reparaciones y Refuerzos Estructurales.

F. Keane. (2018). Reparación de Grietas Estructurales Por Inyección de Resinas Epóxicas. 1–8.

Flores, V., Arroyo, R., & Barragán, R. (2013). Propiedades mecánicas de la mampostería de tabique rojo recocido utilizada en Chilpancingo , Gro (México). 65, 387–395. https://doi.org/10.3989/ic.12.084

García, J. R. (2007). Rehabilitacion sismica de edificaciones de mamposteria para vivienda. 443, 1–32.

Halvorsen, G. T., Barlow, P., Fowler, D. W., Barth, F., Hansen, W., Boggs, H. L., Brander, M. E., & Liu, T. C. (1993). Causas , Evaluación y Reparación de Fisuras en Estructuras de Hormigón Informado por el Comité ACI 224.

Hormigón, I. C. del C. y del. (2015). Técnicas de reparación y refuerzo de estructuras de hormigón armado y albañilerias.

I, M. A. (2004). Capacidad de deformación de muros de albañilería confinada para distintos niveles de desempeño. 75(70), 59–75.

Javier Arrieta. (2016). Patologia en edificaciones.

JEFFERSON, J. (2019). Evaluación De Propiedades Físicas Mecánicas Del Ladrillo Artesanal Solido, Fabricados En Cuatro Distritos De La Región Lambayeque, 2018. 0–1.

José Toirac. (2004). Patologia de la construcctón. grietas y fisuras en obras de hormigón. origen y prevención.

Laguna, L. (2019). Trabajo de Fin de Grado Simulación de semáforo inteligente.

Marella, M. (2015). Fisuras en la mampostería de ladrillos por movimientos reológicos de las estructuras de hormigón.

Matus, R. A. (2019). Obtención de las propiedades mecánicas de la mampostería de adobe mediante ensayes de laboratorio Resumen Introducción. 1–13.

Mexico, G. (2016). Evaluación de la seguridad estructural de edificios.

Muñoz, E. (2013). Análisis de la evolución de los daños en los puentes de Colombia Analysis of the evolution of damage in the bridges of Colombia. 28, 37–62. https://doi.org/10.4067/SO718-50732013000100003

Muro, C. Y., & Del, D. E. A. (2016). Facultad de ingenieria escuela profesional de ingeniería civil 1.

Napolitano, R. (2019). Methodology for diagnosing crack patterns in masonry structures using photogrammetry and distinct element modeling. Engineering Structures, 181(December 2018), 519–528. https://doi.org/10.1016/j.engstruct.2018.12.036

Napolitano, R., & Glisic, B. (2019). Methodology for diagnosing crack patterns in masonry structures using photogrammetry and distinct element modeling. Engineering Structures, 181(November 2018), 519–528. https://doi.org/10.1016/j.engstruct.2018.12.036

Nrmca. (2010a). Agrietamiento de las superficies de concreto.

Nrmca. (2010b). Losas sobre el suelo .

Nrmca. (2015). Grietas en las paredes de concreto de los sótanos. 3 mm.

Nrmca. (2018a). Agrietamiento de las superficies de concreto.

Nrmca. (2018b). Grietas en las paredes de concreto de los sótanos. 3 mm.

Nrmca. (2018c). juntas en el concreto Losas sobre el suelo.

Portioli, F. (2013). Limit analysis of masonry walls by rigid block modelling with cracking units and cohesive joints using linear programming. Engineering Structures, 57, 232–247. https://doi.org/10.1016/j.engstruct.2013.09.029

Portioli, F., Cascini, L., Casapulla, C., & Aniello, M. D. (2013). Limit analysis of masonry walls by rigid block modelling with cracking units and cohesive joints using linear programming. Engineering Structures, 57, 232–247. https://doi.org/10.1016/j.engstruct.2013.09.029

Restrepo, V., & Camilo, J. (2010). Grietas en construcciones ocasionadas por problemas geotécnicos.

Rocha-vargas. (2019). Estudio preliminar de las características petrográficas , petrofísicas y comportamiento mecánico de rocas naturales tipo " Piedra Bogotana " y " Mármol Royal Bronce " utilizadas en construcciones patrimoniales y recientes en Colombia Preliminary research. June. https://doi.org/10.18273/revuin.v18n3-2019021

Rocha-vargas, D. C., Becerra, J. E. B.-, & Benavente, D. (2019). Estudio preliminar de las características petrográficas , petrofísicas y comportamiento mecánico de rocas naturales tipo " Piedra Bogotana " y " Mármol Royal Bronce " utilizadas en construcciones patrimoniales y recientes en Colombia Preliminary research of petrographic , petrophysical and mechanical behavior of natural stones as " Piedra Bogotana " and " Marmol Royal Bronce " used in heritage buildings and new constructions in Colombia. April. https://doi.org/10.18273/revuin.v18n3-2019021

Ruiz, J. (2007). Rehabilitacion sismica de edificaciones de mamposteria para vivienda. 443, 1–32.

SALDAÑA, A. (2016). Patologías del concreto armado en vigas, columnas y muro de albañilería del mercado buenos aires, distrito de nuevo chimbote, provincia del santa, región áncash, septiembre 2016.

Salinas, E. M. L. (2017). Tipos de fisuras.

Sielicki, P. W., & Łodygowski, T. (2019). Masonry wall behaviour under explosive loading. Engineering Failure Analysis, 104(June), 274–291. https://doi.org/10.1016/j.engfailanal.2019.05.030

Soluciones, D. Y., & Constructivos, P. (1985). Técnicas de reparación y refuerzo de estructuras de hormigón armado yalbañilerias.

Soto, N. (2008). Rehabilitación de estructuras de concreto.

Tatiana, R. (2014). Propuesta de rehabilitaciòn estructural constructiva para la vivienda de la familia plaza aveldaño.

Toirac, J. (2004). Patologia de la construcctón. grietas y fisuras en obras de hormigón. origen y prevención.

Valero, E. (2019). Automation in Construction Automated defect detection and classification in ashlar masonry walls using machine learning. Automation in Construction, 106 (May), 102846. https://doi.org/10.1016/j.autcon.2019.102846

Valero, E., Forster, A., Bosché, F., Hyslop, E., Wilson, L., & Turmel, A. (2019). Automation in Construction Automated defect detection and classification in ashlar masonry walls using machine learning. Automation in Construction, 106(June), 102846. https://doi.org/10.1016/j.autcon.2019.102846

Vidaud, E. (2013). Fisuras en el concreto ¿Síntoma o enfermedad? 20–25.

Von, M. (2014a). Fichas para reparacion de viviendas de albanileria.

Von, M. (2014b). Fichas para reparacion de viviendas de albanileria.

Wei, X. (2010). International Journal of Impact Engineering Model validation and parametric study on the blast response of unreinforced brick masonry walls. International Journal of Impact Engineering, 37(11), 1150–1159. https://doi.org/10.1016/j.ijimpeng.2010.04.003

Wei, X., & Stewart, M. G. (2010). International Journal of Impact Engineering Model validation and parametric study on the blast response of unreinforced brick masonry walls. International Journal of Impact Engineering, 37(11), 1150–1159. https://doi.org/10.1016/j.ijimpeng.2010.04.003

Ximena, S. (2009). Alternativa estructural de refuerzo horizontal en muros de mampostería. 14, 51–69.

Yacila, J. (2019). Experimental assessment of con fi ned masonry walls retro fi tted with SRG under lateral cyclic loads. Engineering Structures, 199(August), 109555. https://doi.org/10.1016/j.engstruct.2019.109555

Yacila, J., Salsavilca, J., Tarque, N., & Camata, G. (2019). Experimental assessment of con fi ned masonry walls retro fi tted with SRG under lateral cyclic loads. Engineering Structures, 199(August), 109555. https://doi.org/10.1016/j.engstruct.2019.109555

Zijl, G. (2019). Improved ductility of SHCC retrofitted unreinforced load bearing masonry via a strip-debonded approach. Journal of Building Engineering, 24(February), 100722. https://doi.org/10.1016/j.jobe.2019.02.014

I want morebooks!

Buy your books fast and straightforward online - at one of world's fastest growing online book stores! Environmentally sound due to Print-on-Demand technologies.

Buy your books online at
www.morebooks.shop

¡Compre sus libros rápido y directo en internet, en una de las librerías en línea con mayor crecimiento en el mundo! Producción que protege el medio ambiente a través de las tecnologías de impresión bajo demanda.

Compre sus libros online en
www.morebooks.shop

info@omniscriptum.com
www.omniscriptum.com

Printed by Books on Demand GmbH, Norderstedt / Germany